MÜNCHENER GEOGRAPHISCHE ABHANDLUNGEN

in

MÜNCHENER UNIVERSITÄTSSCHRIFTEN

FACHBEREICH GEOWISSENSCHAFTEN

Münchener Universitätsschriften

Fachbereich Geowissenschaften

MÜNCHENER GEOGRAPHISCHE ABHANDLUNGEN

Institut für Geographie der Universität München

Herausgegeben

von

Professor Dr. H. G. Gierloff-Emden   Professor Dr. F. Wilhelm

Schriftleitung: Doz. Dr. F. Wieneke

Band 20

H. G. GIERLOFF-EMDEN und F. WIENEKE (Hrsg.)

Anwendung von Satelliten- und Luftbildern zur Geländedarstellung in topographischen Karten und zur bodengeographischen Kartierung

Mit 6 Abbildungen, 6 Luftbildern, 6 Tabellen, 2 Karten, 4 Tafeln

1978

Institut für Geographie der Universität München

Kommissionsverlag: GEOBUCH Verlag, München

Gedruckt mit Unterstützung aus den Mitteln der Münchener Universitätsschriften

Ilmgaudruckerei, 8068 Pfaffenhofen/Ilm, Postfach 86

Anfragen bezüglich Drucklegung von wissenschaftlichen Arbeiten, Tauschverkehr sind zu richten an die Herausgeber im Institut für Geographie der Universität München, 8 München 2, Luisenstraße 37.

Kommissionsverlag: GEOBUCH Verlag, München
Zu beziehen durch den Buchhandel
ISBN 3 920397 79 7

Inhalt

Günther Edelmann

Untersuchungen über die Möglichkeiten der Verbesserung der Geländedarstellung am Beispiel des westlichen Balsamgebirges in El Salvador mit Hilfe von LANDSAT-Aufnahmen in den Maßstäben 1:50000, 1:100000, 1:200000, 1:300000, 1:500000 und 1:1 Million

(Investigations on the possibility to improve relief mapping in the scales of 1:50 000, 1:100 000, 1:200 000, 1:300 000, 1:500 000, and 1:1 million by means of LANDSAT imagery, exemplified by the western part of the sierra de Bálsamo, El Salvador)

(Análises sobre las posibilidades para la mejora de la presentación del terreno a escala 1:50 000, 1:100 000, 1:200 000, 1:300 000, 1:500 000 y 1:1 million con la ayuda de imágenes LANDSAT, con un ejemplo de la parte occidental de la sierra de Bálsamo en El Salvador)

1976 am Institut für Geographie der Ludwig-Maximilians-Universität München als Diplomarbeit vorgelegt.
Betreuung: Professor Dr. H. G. Gierloff-Emden
(gekürzt)

Inhalt

1. Vorwort

Im Rahmen der kartographischen Bearbeitung verschiedener Publikationen von Prof. Dr. H.-G. Gierloff-Emden und Prof. Dr. J. Bodechtel in den Jahren 1968 bis 1976 beschäftigte ich mich mit Fragen der geowissenschaftlichen Satellitenbildauswertung und ihrer kartographischen Darstellung.

Das Thema der vorliegenden Arbeit wurde von Prof. Dr. H.-G. Gierloff-Emden angeregt, dem ich für seine große Unterstützung und kritische Anteilnahme herzlich danke.

Zu großem Dank bin ich dem Paul List Verlag in München verpflichtet, der meine Arbeit mit der großzügigen Bereitstellung des Schriftsatzes (für die Karten) und der Kopiereinrichtungen unterstützte.

Weiterhin danke ich Herrn E. Dietrich in Landsham bei München, der mich mit seinen umfassenden Kenntnissen der Reproduktionsphotographie bereitwillig beraten hat.

Günther Edelmann

2. Einführung

In der jahrhundertealten Geschichte der Kartographie wurden und werden kleinmaßstäbige Karten durch subjektive Generalisierung großmaßstäbiger Karten gewonnen.

In den Jahren nach dem 2. Weltkrieg wurden in steigendem Maße große Gebiete der Erde mit Hilfe von Luftbildern kartiert. Aber nur ganz selten wurde eine Luftbildkartierung im Maßstab 1:100 000 durchgeführt, da die geeigneten Aufnahmeträger nicht zur Verfügung standen.

„Das Luftbild entspricht räumlich in der Regel nur Plänen und Karten großer Maßstäbe und kleiner Geländeausschnitte. Die Karte hingegen gibt Erdoberflächenbilder vom größten bis zum kleinsten Maßstab und von beliebiger Gebietsausdehnung" (IMHOF, 1965).
Mit den ersten Aufnahmen aus dem Weltraum stehen erst seit 1964 dem Geowissenschaftler Abbildungen der Erdoberfläche in kleinen Maßstäben zur Verfügung. Eine LANDSAT-Aufnahme beispielsweise bedeckt ein Areal von rd. 185 x 185 km, dies entspricht einem Geländeausschnitt von rd. 34 200 km^2, einer Fläche also, die annähernd der Fläche Nordrhein-Westfalens gleichkommt.

„Wir verdanken es der Raumfahrttechnik, daß heute eine objektive optische Generalisierung der an der Erdoberfläche sichtbaren Topographie möglich ist" (KOEMAN, 1971).
„In der Tat wird niemand . . . daran zweifeln, daß hier neue Möglichkeiten erschlossen werden, Bildmaterial zu gewinnen, dessen photogrammetrische und interpretatorische Auswertung wegen der weitsichtigen Zusammenschau zu neuen Erkenntnissen und Ergebnissen führt" (BECK, 1972).

1970 veröffentlichte das kartographische Büro der UN in New York seine Auswertungen zum Stand der gegenwärtigen topographischen Kartierung der Erde, angeregt vom Wirtschafts- und Sozialrat der Vereinigten Nationen (ECOSOC). 116 Staaten haben 1969 auf die einmalige Fragebogenaktion der UN geantwortet. Damit sind etwa 90 % der Erdoberfläche erfaßt worden (BÖHME, 1971). Aus dem statistischen Material wurden 4 Maßstabsgruppen gebildet und der Prozentanteil der durch die jeweiligen Maßstabsgruppe gedeckten Erdoberfläche ermittelt.

Tab. 1 Stand der gegenwärtigen Kartierung der Erde
Table 1 State of current mapping of the earth's surface
Cuadro 1 Estado de las mediciones de la tierra al dia de hoy

Gruppe	Maßstab	%-Anteil der gedeckten Fläche der Erde
I	1 : 1250 – 1 : 31680	6,0 %
II	1 : 40000 – 1 : 75000	25,5 %
III	1 : 100000 – 1 : 126000	30,2 %
IV	1 : 140000 – 1 : 253440	72,0 %

„Diese Zahlen sprechen für sich. Selbst in einem so vergleichsweise kleinen Maßstab wie 1:100 000 ist noch nicht einmal $^1/_2$ der Erdoberfläche kartiert . . . und selbst in 1:250 000, einem Maßstab, den wir den Übersichtskarten zuordnen, fehlt noch mehr als $^1/_4$ der Erde" (BÖHME, 1971).

3. Aufgabenstellung der Untersuchungen

Ziel der Untersuchungen ist es, die Möglichkeiten der Verbesserung der Geländedarstellung des westlichen Balsamgebirges in El Salvador mit Hilfe von LANDSAT-1-Aufnahmen zu untersuchen und zu diskutieren. Außerdem soll die Bedeutung der LANDSAT-Bilder für die Kartographie angesprochen werden.

KOEMAN sieht eine Beschränkung der Anwendbarkeit der Satellitenbilder für die Kartographie, wenn die nicht unmittelbar deutbaren Erscheinungsformen des Erdreliefs nur dann erkennbar sind, wenn sie von links beleuchtet erscheinen (KOEMAN, 1971).

In vorliegender Arbeit wird versucht, diesen Einwand durch verstärkten Einsatz der Reprophotographie zu entkräften. HERRMANN hat 1973 festgestellt, daß durch intensive Retusche eines LANDSAT-Bildes (in diesem Falle eine LANDSAT-Aufnahme südöstlich von Zürich) das Negativ von MSS-Band 7 einer bestehenden Schräglichtschattierung der „Schweizer Manier“ anzugleichen ist (HERRMANN, 1973).

Die Angleichung an existente Schummerung – sollte sie vorhanden sein – ist nicht Aufgabe dieser Arbeit. Es soll vielmehr versucht werden, mit Hilfe der Reprophotographie und von Retuschen, die in einem Kostenminimal-Bereich verbleiben sollen, Schummerungen bzw. Schummerungsvorlagen in Karten verschiedener Maßstäbe aus dem LANDSAT-Aufnahmematerial zu gewinnen.

Eine Gegenüberstellung von MSS-Kanal 7 (Positiv) und dem retuschierten Negativ bietet unmittelbare Vergleichsmöglichkeiten, zumal günstige Umstände in der Selektion der Möglichkeiten der Kartenbeispiele zu einer Ideallage der Reliefformen zur Beleuchtungsrichtung geführt haben.

4. Das LANDSAT-1-Aufnahmematerial

„Die erste konsequente Anwendung der Erdbeobachtung ist durch den unbemannten Satelliten ERTS-1 gegeben, der am 21. 7. 1972 gestartet wurde“ (BODECHTEL, 1974) (1).

Im Rahmen dieser Veröffentlichung kann nicht in ausführlicher Form auf das ERTS- bzw. LANDSAT-Programm eingegangen werden. Über Aufnahmetechnik, Eigenschaften, Auflösungsvermögen, Ground Resolution, Image Resolution, Lagegenauigkeit und Geometrie der LANDSAT-Aufnahmen informieren BODECHTEL (1974), BODECHTEL u. GIERLOFF-EMDEN (1974), GIERLOFF-EMDEN (1974), BÄHR u. SCHUHR (1974), LIST, HELMCKE u. ROLAND (1974) u. a.

4.1. Relief und Schattenlängen

Das Relief der Erdoberfläche ist in der LANDSAT-Aufnahme nicht direkt, sondern nur mittelbar zu erkennen (BODECHTEL u. GIERLOFF-EMDEN, 1974), z. B.:
- als geologischer Körper durch tektonische Elemente
- als morphologisches Objekt durch das Gewässernetz
- durch Schattenmarkierungen.

4.2. Reliefbeleuchtung

Das Bild der einzelnen Formen bleibt im LANDSAT-Bild dem Sonneneinfalls-Winkel überlassen, weil die Beleuchtung für das gesamte Bild nicht variiert. Es ist bekannt, daß durch Veränderung der Beleuchtungsverhältnisse diverse Bildwirkungen vom gleichen Bildgegenstand möglich sind.

Diese willkürliche Einheitsbeleuchtung kann auch durch technische Operationen nicht in eine variable Beleuchtung umgewandelt werden, da die Objektformen optimal reproduzieren.

Da die Sonne im ausgewählten LANDSAT-Bild in einer Höhe von 47° steht, aus den Wolkenschatten die Richtung der Sonnenstrahlen mit ESE indiziert werden konnte und die westliche Balsamkette annähernd senkrecht zum Sonneneinfalls-Winkel steht, ergibt sich für die Geländedarstellung konventioneller Prägung ein Pseudoeffekt in der Betrachtung.

---

(1) ERTS = Earth Resources Technology Satellite. Nach dem Start von ERTS-2 umbenannt in LANDSAT-1 bzw. LANDSAT-2

Um diesen Effekt auszuschalten, wurde das Negativ des LANDSAT-Kanals 7 zur weiteren Bearbeitung der Kartenbeispiele herangezogen. Es entspricht der herkömmlichen Beleuchtungsannahme bei der Gestaltung von Schräglichtschattierungen, die mit NW- bis W-drehenden Richtungen angenommen wird. Es ist dabei zu beachten, daß nun bei der getauschten Beleuchtungsrichtung von ESE nach WNW (Positiv – Negativ) die Wolkenschatten im Negativ den Wolken des Positivs entsprechen.

4.3. Die Auswahl des MSS-Kanals, der zur Bearbeitung herangezogen wurde

Die LANDSAT-Aufnahme NASA ERTS E-1210-15 503 wurde am 18. 2. 1973 aufgenommen, zu einer Zeit also, die in die ausgeprägte Trockenzeit von El Salvador fällt (GIERLOFF-EMDEN, 1957).

Bei der Auswahl des günstigsten Kanals für die Kartenfolge der Geländedarstellungen standen 9-Zoll-Filmpositive der Kanäle 4, 5 und 7 zur Verfügung; der Kanal 6, der das größte Auflösungsvermögen besitzt, konnte nicht berücksichtigt werden. Durch visuellen Vergleich der diversen Kanäle bezüglich ihrer Reliefimagination wurde Kanal 7 als Grundlage der Weiterverarbeitung bestimmt.

Die Vegetationsbedeckung des Balsamgebirges erwies sich als nicht sehr störend, da die Reliefformen bei den nur kleinen Grautonschwankungen, hervorgerufen durch das Reflexionsvermögen der Vegetation, in ihrer Abbildung nicht beeinträchtigt werden. Nur das Landnutzungsmuster in der Ebene von Sonsonate wirkt sich störend aus. Die Ebenen erscheinen in der herkömmlichen Schummerungstechnik weiß. Eine dahingehende Retusche sollte nicht durchgeführt werden, um den Kostenvergleich zwischen „Konventionalschummerung" und „LANDSAT-Schummerung" nicht zu manipulieren.

5. Die Bedeutung der LANDSAT-Aufnahmen für die Kartographie bei der Herstellung, Überprüfung und Verbesserung kleinmaßstäbiger Karten

GRENACHER stellte 1968 fest, daß ein kurzer Vergleich einer Satellitenaufnahme des Jahres 1965 (aufgenommen von McDivitt und White, NASA-Photo S-65-34661, Gemini IV, mit einer Hasselblad 500 C aus etwa 180 km Höhe) „. . . mit demselben Ausschnitt aus Blatt IWK NF 40 Muscat-Masira-AMS 1945 erweist, daß Satellitenphotos prinzipiell zur Aufgliederung der Gebirgszüge auf croquisartigen, überalterten IWK-Blättern verwendet werden können" (GRENACHER, 1968).
Im Jahre 1967 fehlten noch rund ein Dutzend Blätter der USA im Maßstab 1:1 Million, die der US-Geological Survey aufgelegt hatte. Sechs Jahre später jedoch konnte erstmals eine Karte der USA im Format 3 x 4,8 m in demselben Maßstab vorgestellt werden; ein Satellitenbildplan, der aus 595 wolkenfreien Schwarz-Weiß-Aufnahmen des LANDSAT-1-Satelliten zusammengestellt werden konnte (BODECHTEL u. GIERLOFF-EMDEN, 1974).

Zum 1. Mal in der Geschichte der Kartographie kann eine objektive optische Betrachtung der sichtbaren Erdoberfläche aus einem Betrachtungsabstand von rd. 920 km vorgenommen werden. „In der Zukunft wird es mehr und mehr unumgänglich, daß die Kartenhersteller von Satellitenaufnahmen Gebrauch machen, damit ihre Karten die wahre Gestalt und Beschaffenheit der Landformen und besonders der Gebirgsformen wiedergeben" (KOEMAN, 1971).

Der größte Teil der landbedeckten Erdoberfläche ist im Maßstab 1:1 Million in Karten abgebildet, aber nur ein Teil davon ist in einer den Ansprüchen der Verbraucher genügenden Form veröffentlicht worden. Ein großer Teil stellt sich in einer croquishaften Ausführung dar, die der Kritik des anspruchsvollen Benutzers nicht standhält.

GREGORY schreibt in einer Veröffentlichung der United Nations: „The International Map of the World in the Millionth Scale (IMW) is co-ordinated by the United Nations. However, the quality of such mapping has been queried and some cartographers have estimated that about two thirds of these maps are inadequate and obsolete. Thus ERTS is expected to fill a real need in updating and argumenting the millionth-scale-mapping“ (GREGORY, 1971).

Aufgrund der vom Verfasser erworbenen Erfahrungen auf dem Gebiet der Satellitenbild-Interpretation wäre es vordringlich, bestehende Publikationen der IWK mit Hilfe des LANDSAT- und SKYLAB-Bildmaterials zu überprüfen und zu vervollkommnen.

- Untersuchungen sollten darüber angestellt werden, welche Kartenblätter der IWK mit erstklassigem LANDSAT-Material ausgestattet werden können.
- Das „EROS-DATA-CENTER“, U. S. Department of the Interior, Geological Survey, in Sioux Falls, South Dakota, erstellt in einem kostenlosen Service („Geographic Computer Search“) Computerlisten über die in Frage kommenden LANDSAT-Aufnahmen eines bestimmten Areals.
- Die Kartenblätter der IWK mit unzureichender Qualität sollten mit Hilfe der LANDSAT-1-, LANDSAT-2- und SKYLAB-Aufnahmen verbessert werden.
- Als Alternative zu IWK-Blättern mit mangelhafter geographisch-kartographischer Erschließung sollte ein Satellitenbild-Mosaik im Blattschnitt der IWK diese Karten begleiten. Das Mosaik wäre eine große Hilfe für alle Geowissenschaftler und für den Kartenbenutzer ein großer Anreiz, sich der IWK in verstärktem Maße zuzuwenden.

6. Die Geländedarstellung in Karten

Das natürliche Relief steht dem Kartographen, der ja letztlich die Geländedarstellung graphisch bewältigen muß, nur als Modellvorstellung zur Verfügung.

Gliederung der Reliefformen, der Böschungsverhältnisse und der Formenelemente wurden eingehend beschrieben in PÖHLMANN (1956), DOMOGALLA, MAIR, SCHMIDT (1974), u. a.

Die Anforderung an die Geländedarstellung, die sowohl technische als auch methodische Überlegungen berücksichtigt, definiert IMHOF 1957: „Die dreidimensionale Geländeoberfläche ist im zweidimensionalen Grundrißbild so darzustellen, daß:
1. die Flächenformen aus dem Bild geometrisch erfaßbar sind,
2. das Bild möglichst unmittelbar anschaulich ist,
3. das Bild der natürlichen Realität möglichst nahekommt, jedoch genügend vereinfacht ist und
4. Formenmerkmale, die besonders charakteristisch sind, deutlich zum Ausdruck gelangen.“
(IMHOF, Vortrag anläßlich des Internationalen Hochschulkurses für Kartographie, 1957, zitiert in PÖHLMANN, 1958).

„Die Erfüllung dieser schwierigsten Aufgabe der Kartographie erfordert hohes graphisches und wissenschaftliches Können“ (WILHELMY, 1972).

„Das Problem, die Erdoberfläche auf Karten darzustellen, ist eigentlich, vom mathematischen Standpunkt aus gesehen, unlösbar“ (YOÉLI, 1965). Nur mit Hilfe der geometrischen Projektion sind Näherungslösungen möglich.

Eine zweite Möglichkeit, die Oberfläche eines dreidimensionalen Körpers auf einer Projektionsebene (Kartenebene) darzustellen, ist die Projektion der Helligkeitsunterschiede, die ein Körper bei seiner Beleuchtung hervorruft (YOÉLI, 1965).

Diese zwei grundsätzlich unterschiedlichen Wege der Geländedarstellung liefern im ersten Fall ein mittelbares „Ersatzbild“ der Erdoberfläche; ohne plastische Wirkung, jedoch meßtechnisch ausnützbar.

Die zweite mögliche Methode der Geländedarstellung beschränkt sich auf die Fertigung eines unmittelbaren, naturähnlichen „Ansichtsbildes" der Reliefoberfläche; sie bleibt dabei ungeometrisch und ist meßtechnisch nicht verwertbar.

„Das Dilemma der Geländedarstellung . . ." kann nur durch optimale Vereinigung beider Methoden mit ihren gewünschten Eigenschaften – Ausmeßbarkeit und Anschaulichkeit – im gleichen Kartenbild einer Lösung nähergebracht werden (PÖHLMANN, 1956).

Fast alle Unzulänglichkeiten der heutigen Geländedarstellung „. . . wurzeln in der Unkenntnis der morphologischen Formen. Das Wissen um den Charakter des Bodenreliefs und das Einfühlen in die Oberflächenformen ist das A und O jeder Geländedarstellung" (HÖLZEL, 1962) und „. . . ohne sicheres graphisches und ästhetisches Empfinden, ohne starke zeichnerische Begabung ist Gutes in der Kartographie weder theoretisch noch praktisch zu erreichen" (IMHOF, 1956).

Nach HERRMANN werden die Probleme der Geländedarstellung heute im allgemeinen als gelöst betrachtet (HERRMANN, 1972). Da die Herstellung von Schummerungen in diese Feststellung einbezogen ist, ergeben sich doch bezüglich der Schräglichtschattierung einige Fragen:

- Auch wenn die Probleme gelöst erscheinen, welcher Aufwand bei der Bereitstellung der Schummerungsgrundlagen muß betrieben werden?
  – ein großer
- sind denn die Schummerungsunterlagen für jede beliebige Karte eines beliebigen Gebietes der Erde vorhanden?
  – nein
- wie kostspielig ist die Erstellung von Qualitätsschummerungen auf konventionellem Wege?
  – oftmals ein großer Teil der gesamten Herstellungskosten eines Kartenblattes
- wieviel qualifizierte Kartographen sind in der Lage, aus den verschiedensten Informationsmaterialien Schummerungen zu erstellen?
  – wenige
- wieviele Fachkräfte in Ländern der dritten Welt, die nicht über die Tradition und den Erfahrungsreichtum der Kartographen europäischer Schule verfügen, sind in der Lage, hochwertige Schräglichtschattierungen herzustellen?
  – sehr wenige

Nur einige Fragen und Antworten, die nicht auf ein weltweites Funktionieren der „problemlosen Geländedarstellung" Rückschlüsse zulassen, denn nur eine globale Betrachtung läßt auf den Wert der Geländedarstellung in Karten schließen und zeigt den Stellenwert an, den die Kartographie im Bereich der Geowissenschaften besitzt.

Zum ersten Mal in der Geschichte der Kartographie stehen den Kartographen in aller Welt Satellitenbilder zur Verfügung, die trotz aller Nachteile einen noch nie zuvor ermöglichten Überblick über große Areale der Erdoberfläche gestatten. Im deutschen Sprachraum sind dem Verfasser nur wenige Beispiele bekanntgeworden, die sich mit Untersuchungen des LANDSAT-Materials bezüglich seiner kartographischen Verwertbarkeit befassen, die Möglichkeiten der Geländedarstellungen nur in einem einzigen Beispiel im Maßstab 1:500 000 in einer Veröffentlichung von HERRMANN (HERRMANN, 1973). Die Rufe der Kartographen nach neuen Methoden sind vielfältig, das Echo seit dem Start des LANDSAT-1 am 21. 7. 1972 jedoch kaum zu vernehmen (2).

---

(2) Bei einer Umfrage des Verfassers im November 1976 bei Studierenden der Fachhochschule München, Fachbereich Vermessung, haben von 8 Studierenden des 7. bzw. 5. Semesters Kartographie 6 noch niemals etwas von LANDSAT oder SKYLAB gehört; zwei Studierende konnten sich vage an ein LANDSAT-Farbkomposit in einer Zeitung erinnern

In der heutigen kleinmaßstäbigen topographischen Karte kann das Relief durch 3 Zeichenelemente erfaßt werden:
- mit der Höhenlinie als geometrisches Element
- mit der Schummerung als formplastisches Element
- mit der Höhenschichtfarbe als didaktisches Element

(HERRMANN, 1972).

Ausführliche Information bieten HÖLZEL (1962), PÖHLMANN (1956), WILHELMY (1972), u. a.

Über die Grenze der exakten Höhenliniendarstellung existieren diverse unterschiedliche Auffassungen. TOSCHINSKI betrachtet die Maßstäbe kleiner als 1:100 000 als Grenze, da die graphische Wiedergabegenauigkeit nicht mehr mit der geometrischen Genauigkeitsforderung Schritt halten kann (TOSCHINSKI, 1958). HEISSLER sieht die Grenze der exakten Isohypsendarstellung im Maßstab 1:500 000 (HEISSLER, 1962), WILHELMY dagegen beim Maßstab 1:300 000 bzw. für Gebirgskarten schon bei größeren Maßstäben wegen der zu engen Scharung der Höhenlinien (WILHELMY, 1972). PÖHLMANN stellt fest, daß es keinen bestimmten Grenzmaßstab gibt (PÖHLMANN, 1956).

7. Überlegungen bei der Auswahl des Bildausschnittes für die Kartographie in den Maßstäben 1:100 000 bis 1:1 Million

Als einzige topographische Grundlage, als Basismaterial für die Zeichnung, standen nachfolgende topographische Karten im Maßstab 1:50 000 aus der Kartensammlung des Geographischen Instituts zur Verfügung:

1. Hoja 2256 I, Cuisnahuat, (1970)
2. Hoja 2256 IV, Acajutla, (1970)
3. Cuadrante 2557 I, Jocoaitique, (1968)
4. Cuadrante 2657 III, Nueva Esparta, (1968)
5. Cuadrante 2657 IV, Monteca, (1969).

Aus diesen 5 Blättern wurde das Blatt (Hoja) 2256 I, Cuisnahuat, aus folgenden Gründen ausgewählt:
- eine Küstenkontur zum Einpassen der LANDSAT-Aufnahme auf die Karte ist vorhanden
- die Gebirgsformen sind nicht zu stark zergliedert und haben eine für die herkömmliche Schummerungsbetrachtung günstige Lage von NE-SW
- das Negativ der entsprechenden LANDSAT-Aufnahme war, von einigen Zeichnungsverlusten abgesehen, in einem brauchbaren Zustand, um noch ausreichende Zeichnung bei den notwendigen Vergrößerungen zu bringen (vgl. Kap. 10)
- für den ausgewählten Ausschnitt mußte nur *eine* LANDSAT-Aufnahme herangezogen werden, eine Mosaikherstellung war nicht notwendig
- Karte 2 zeigt nur bei rd. $^1/_8$ seiner Gesamtkarten-Fläche eine Gebirgsdarstellung
- Karte 3, 4 und 5 sind Grenzblätter, die auf einem großen Teil ihrer Kartenfläche das Grenzgebiet El Salvador-Honduras abbilden
- nicht zuletzt stand bei dem ausgewählten Kartenausschnitt ein größerer Anteil an Literatur zur Verfügung als bei den anderen zur Wahl stehenden Kartenblättern.

Die Äquidistanz (Schichthöhe) hängt vom Kartenmaßstab, von der Geländeneigung und vom Formenreichtum ab (HEISSLER, 1962). Sie läßt sich nach der Formel

$$A = \frac{m \cdot \tan \alpha}{1000 \cdot k}$$ berechnen, wobei

- A = Äquidistanz in m
- m = Maßstabsfaktor
- α = die maximale Geländeneigung des Kartierungsgebietes
- k = die Anzahl der Höhenlinien pro mm in der Zeichnung, die mit Rücksicht auf die gute Lesbarkeit der Karte mit 2 oder 3 in die Formel eingesetzt wird.

Auf der topographischen Karte 1:50 000, Hoja 2256 I, Cuisnahuat (El Salvador), wurde eine maximale Geländeneigung von 45° berechnet, und zwar im Gebiet 1,5 km westlich des Rio Mizata und 2 km nördlich der Küste (89° 35′ w. L. und 13° 37′ n. Br.) an dem Bergrücken „Cerro Peña Blanca o Punta de Diamante". Für den Bereich des westlichen Balsamgebirges in El Salvador ergeben sich rechnerisch in den verwendeten Kartenmaßstäben folgende Äquidistanzen nach der Formel $A = \frac{m \cdot \tan\alpha}{1000 \cdot k}$, wobei k in Spalte 1 mit dem Faktor 2 und in der 2. Spalte mit dem Faktor 3 in die Formel eingeht.

Tab. 2 Höhenlinien-Äquidistanzen in verschiedenen Maßstäben
Table 2 Equidistancies of contour lines at different scales
Cuadro 2 Equidistancias de las curvas de nível en distintas escales

Maßstab	Spalte 1 $\frac{A = m \cdot \tan\alpha}{100 \cdot 2}$ (1)	Spalte 2 $\frac{A = m \cdot \tan\alpha}{100 \cdot 3}$ (1)	Mittelwert aus Spalte 1 und Spalte 2	ausgewählte Äquidistanz
1:50000	25 m	~ 17 m	21 m	20 m (2)
1:100000	50 m	~ 33 m	44 m	40 m
1:200000	100 m	~ 66 m	83 m	80 m
1:300000	150 m	~100 m	125 m	100 m
1:500000	250 m	~170 m	210 m	100 m
1:1 Million	500 m	~330 m	415 m	200 m

(1) HEISSLER (1962)
(2) Die Äquidistanz in der Top. Karte 1:50 000 von El Salvador beträgt 20 m, mit Zwischenhöhenlinien von 10 m

G. Edelmann 1976

Bis zum Maßstab 1:200 000 entspricht der Mittelwert aus den Spalten 1 und 2 in etwa den vom Verfasser ausgewählten Äquidistanzen. Da in vorliegendem Fall das Höhenlinienbild nur zur Unterstützung der Untersuchungen über die Verwertbarkeit des LANDSAT-Materials für die Geländedarstellung verwendet wird, ist es zu vertreten, die Äquidistanzen in den Maßstäben 1:300 000 bis 1:1 Million niedriger anzusetzen.

Die unorthodoxen Äquidistanzen in den Maßstäben 1:100 000 und 1:200 000 mit 40 m- bzw. 80 m-Schichthöhen resultieren aus dem Basismaterial, das mit 20 m-Äquidistanzen operiert, die für Folgemaßstäbe verwendet werden mußten. Außerdem ist in den Kartenbeispielen noch eine 10 m- bzw. 20 m-Zwischenhöhenlinie eingebracht, die Aussage über den Verlauf des Bergfußes des Balsamgebirges und die Deltaform des Rio Banderas in der Schwemmland-Ebene von Sonsonate vermitteln soll.

8. Physiographie des Bildausschnittes der Kartenbeispiele

Der Bildausschnitt deckt einen Teil des westlichen Balsamgebirges in El Salvador ab. Der Ausschnitt hat die Ausdehnung von rd. 19 km in EW- und rd. 13 km in NS-Richtung und bedeckt damit ein Areal von rd. 250 qkm; dies entspricht etwas mehr als 1 % der Gesamtfläche El Salvadors. Das erfaßte Gebiet liegt ungefähr zwischen 13° 30′ bis 13° 38′ nördl. Breite und 89° 34′ bis 89° 44′ westl. Länge von Greenwich.

Rund 5 km südwestlich des Hauptkammes erfaßt der Bildausschnitt die westlichen Ausläufer der Balsamkette, in denen man eine starke Aufgliederung des Gebirges, oft NE-SW verlaufende Bruchstufen, und ein Abtauchen des Gebirgskörpers unter die junge Schwemmlandebene von Sonsonate erkennt (GREBE, 1963). „Längs ihres nördlichen Bruchrandes trägt die Balsamkette den Charakter eines stark zerschnittenen Mittelgebirges, das einen, von einzelnen Depressionen unterbrochenen, relativ schmalen Kamm von 1000 bis 1300 m Höhe bildet" (WEYL, 1954).

Die Bergrücken der Balsamkette, die fingerartig bis auf den Rio Mandinga vorgreifen und eindeutige Schichtstufen bilden (GREBE, 1963), erreichen südöstlich des Rio Sihuapilapa die Küste.

GIERLOFF-EMDEN beschreibt die den Gebirgssockel aufbauenden Gesteine als andesitische Tuffe und Breccien, diverse Laven, Ganggesteine und Schmelztuffe (GIERLOFF-EMDEN, 1957).

In der Kartenprobe bestimmen die westlichen Ausläufer der Balsamkette über ein großes Areal das Bild der pazifischen Küste, die in etwa EW-Richtung verläuft; morphologisch ist sie als Querküste zu bezeichnen (GIERLOFF-EMDEN, 1959).

9. Kartographische Bearbeitung der Kartenbeispiele in Maßstäben 1:50 000 bis 1:1 Million

Auf eine Ausarbeitung des Kartenbeispiels im Maßstab 1:50 000 wurde aus Kostengründen verzichtet.

Da die zur Verfügung stehenden Kartenwerke von El Salvador keine topographische Maßstabsreihe und zu unterschiedliche Qualitätsdifferenzen der kartographischen Bearbeitung aufweisen, war es notwendig, eine Maßstabsfolge zu entwickeln, die durch ein Höchstmaß an Differenziertheit in den einzelnen Maßstäben das Informationsangebot des LANDSAT-Materials veranschaulichen soll (3).

Da nur die topographische Karte 1:50 000 als Basismaterial zur Verfügung stand, mußten alle Zeichnungen für die verschiedenen Maßstäbe im Maßstab 1:50 000 ausgeführt werden, und zwar nach einem vorher festgelegten Zeichenschlüssel (vgl. Kap. 9.6.1.).

,,Es besteht wohl kein Zweifel, daß eine Maßstabsreihe 1:5000, 1:10 000, 1:25 000, 1:50 000, 1:100 000, 1:200 000, 1:500 000, 1:1 Million und 1:2 Million vom kartographischen Standpunkt aus das ideale wäre" (KNORR, 1967).

Diese von KNORR vorgeschlagene Maßstabsreihe wurde ergänzt durch eine Zwischenschaltung des Maßstabes 1:300 000. Eine Maßnahme, die zur Auffindung der Grenze der Verwertbarkeit des LANDSAT-Materials zur Geländedarstellung notwendig erschien, zumal dann ein Vergleich mit dem Mapa Oficial de El Salvador 1:300 000 möglich war.

9.1. Generalisierungsvorlagen

Auf der Basiskarte 1:50 000 von El Salvador, Hoja 2256 I, Cuisnahuat, wurden alle Linienelemente, die für alle Kartenbeispiele in Betracht kamen, mit Farbstiften auf Astralon hochgezeichnet.

Diese Vorlagen dienten als Gravur- bzw. Zeichengrundlagen für die zu erstellenden Kartenproben im Maßstab 1:50 000 für die Maßstäbe 1:100 000, 1:200 000, 1:300 000, 1:500 000 und 1:1 Million.
In diesen Vorlagen wurden die maßstabsbedingten Verdrängungen berücksichtigt (vgl. Kap. 9.6.3.). Die Generalisierung wurde insoweit zu einer ,,Mehrdarstellung" manipuliert, um das Informationsangebot des LANDSAT-Materials zur Geltung zu bringen.

9.2. Schwarzplatte (Straße/Kartenrahmen/Schriften)

Da alle Details der Kartenbeispiele der verschiedenen Maßstäbe im Maßstab 1:50 000 gezeichnet bzw. graviert wurden, mußten die Zeichnungsbreiten der Kartenelemente im Arbeitsmaßstab so abgestimmt werden, daß im Endmaßstab alle Elemente annähernd gleiche Strichbreiten aufwiesen (vgl. Kap. 9.6.1.).

(3) Das Kartenwerk 1:100 000 von El Salvador (in 14 Blättern) wurde zu spät ausgeliefert

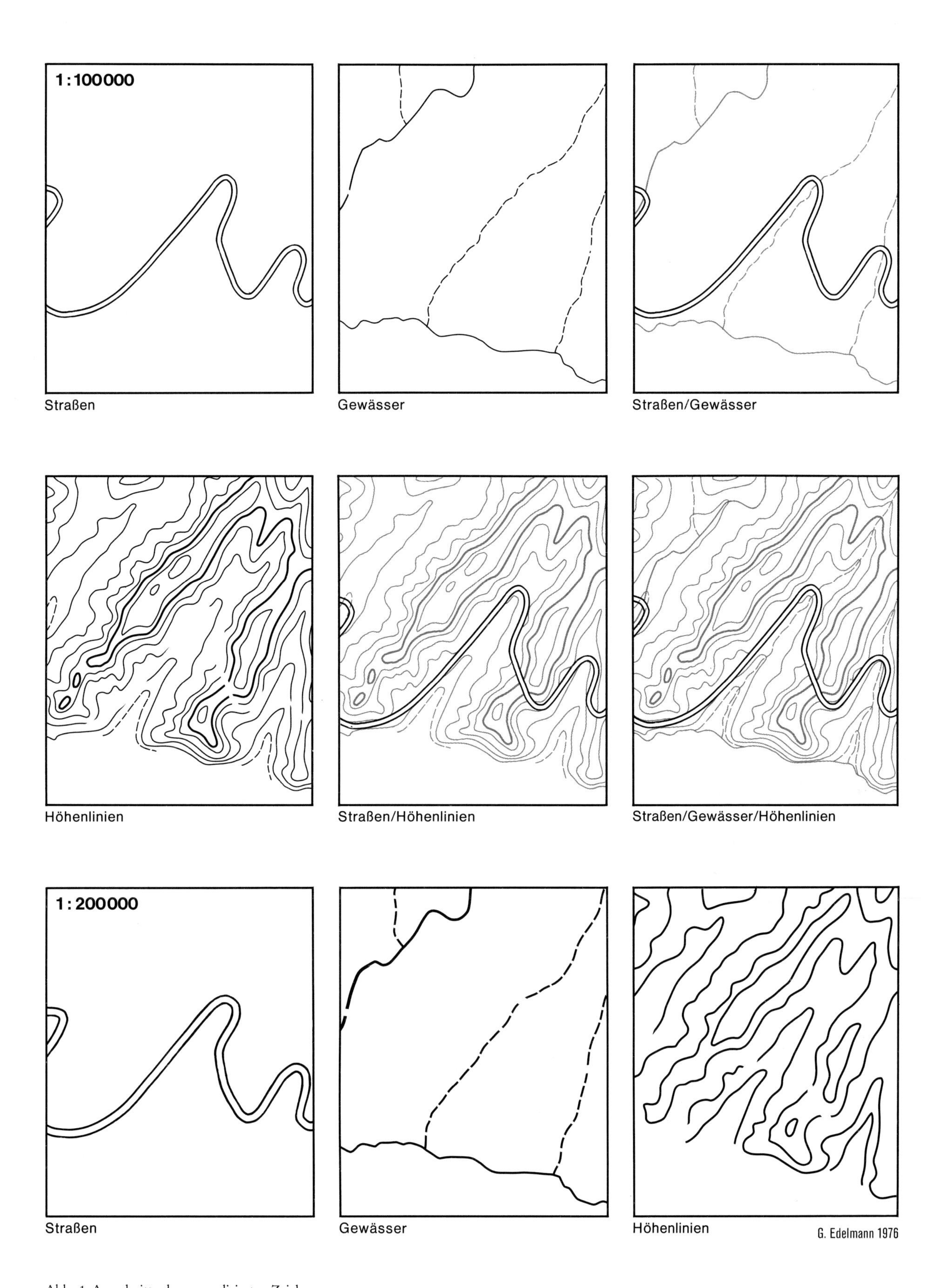

Abb. 1 Ausschnitte der generalisierten Zeichnungen
Fig. 1 Sections of the generalized drawings
Fig. 1 Toma parcial de los dibujos generalizados

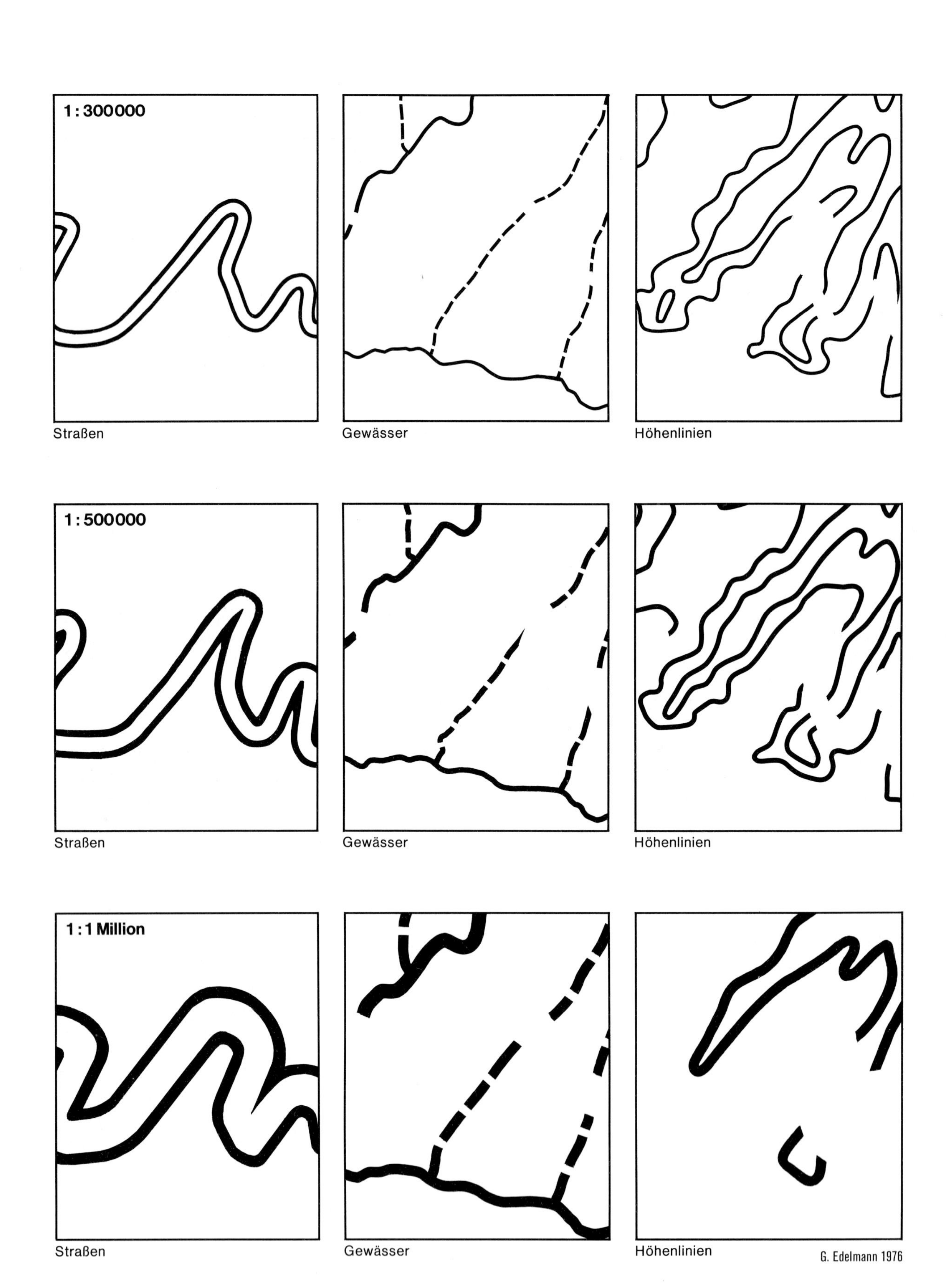

Abb. 2 Ausschnitte der generalisierten Zeichnungen
Fig. 2 Sections of the generalized drawings
Fig. 2 Toma parcial de los dibujos generalizados

In Tabelle 9.6.3. wird die maßstabsbedingte zeichnerische Verdrängung aufgelistet.

Beim Vergleich mit den Kartenwerken von El Salvador war eine große Abweichung der Caretera Litoral in allen Maßstäben auffallend.

9.3. Blauplatte (Gewässer)

In der Zeichnung wird unterschieden in Flüsse (Ríos) und Bäche mit intermittierender Wasserführung (Vaguadas), erstere in durchgezogenen Linien, zweitere in gerissenen Linien. Über die Verdrängungsausmaße in den verschiedenen Maßstäben informiert Tabelle 9.6.3. Beim Vergleich der Kartenbeispiele mit veröffentlichten Kartenwerken von El Salvador war der große Westversatz von rund 1 km des Mündungsgebietes des Rio Banderas in der Barra Ciega auffallend. Wie aus der LANDSAT-Aufnahme interpretiert werden konnte, entspricht die Darstellung des Mündungsgebietes in der Karte 1:50 000 den tatsächlichen momentanen Verhältnissen.

9.4. Rotplatte (Geländezeichnung/Höhenlinien)

Wie aus dem Impressum der Karte 1:50 000 zu ersehen ist, wurde diese Karte mit photogrammetrischen Mitteln erstellt (Luftbilder) (4).

Nach LEHMANN sind im stark geneigten Gelände photogrammetrisch unmittelbar gezogene Höhenschichtlinien genauer als die terrestrisch ermittelten Linien (LEHMANN, 1959). Und „ . . . eine allgemeine Glättung der Höhenschichtlinien ist entschieden abzulehnen, weil sie die Natur- und Formtreue der photogrammetrischen Schichtlinienauswertung, die durch kein terrestrisches, punktweise arbeitendes Verfahren zu erreichen ist, zunichte machen würde“ (LEHMANN, 1959).

Die photogrammetrische Auswertung der Höhenlinien in der Karte 1:50 000 von El Salvador, auf der alle Folgemaßstäbe der Kartenproben basieren, wirkt sich in den Kartenbeispielen bis zum Maßstab 1:500 000 aus. Dabei gilt wieder, daß der Generalisierungsgrad so niedrig wie möglich gehalten wurde, um das Informationsangebot des LANDSAT-Materials nicht zu unterdrücken (vgl. Kap. 9.6.1. und 9.6.3.).

In allen Maßstäben der Kartenbeispiele wurde die 20-m-Höhenlinie eingetragen, weil sie in großen Bereichen des Kartenausschnitts den Bergfuß des westlichen Balsamgebirges dokumentiert.

(4) Karte von El Salvador 1:50 000, Hoja 2256 I, Cuisnahuat: „Preparada por métodos fotogramétricos por el Instituto Geográfico Nacional del Ministerio de Obras Públicas, San Salvador, con fotografías tomadas en 1965.“

9.5. Graphische Gegenüberstellung des Generalisierungsgrades einer Gelände-Detailform und der Erkennbarkeit in der LANDSAT-Aufnahme in den Maßstäben 1:50000 bis 1:1 Million

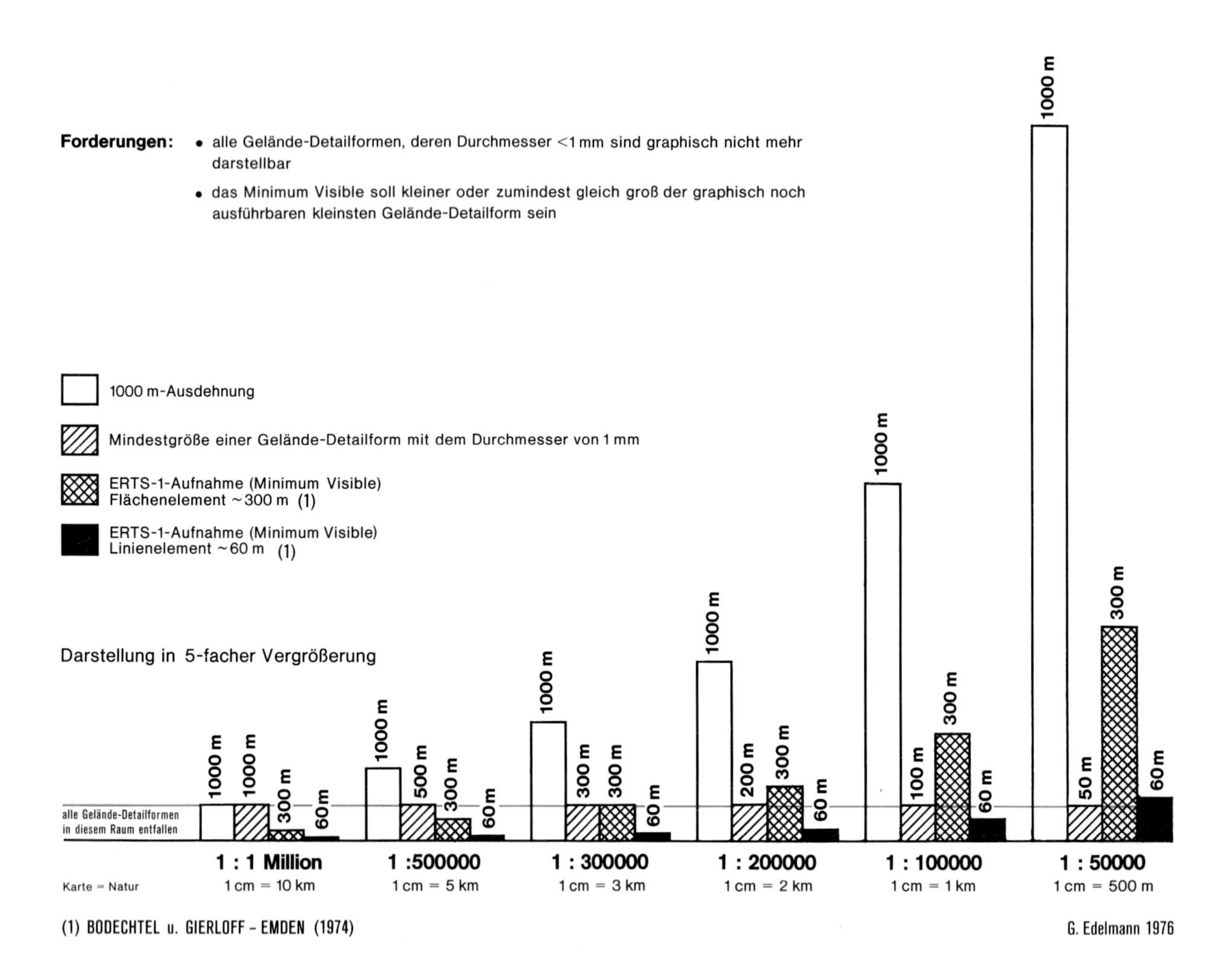

Abb. 3 Graphische Gegenüberstellung des Generalisierungsgrades einer Geländedetailform und der Erkennbarkeit von Objekten in der LANDSAT-Aufnahme in den Maßstäben 1:50 000 bis 1:1 Million
Fig. 3 Degree of generalization of a topographical detail and perceptibility of objects in a LANDSAT image at the scales of 1:50 000 to 1:1 million
Fig. 3 Grado de generalización de una forma detallada del terreno y reconocimiento de objetos en la imagen LANDSAT en escalda 1:50 000 hasta 1:1 million

Aus der Graphik läßt sich also indizieren, daß vom Maßstab 1:1 Million bis zum Maßstab 1:300 000 das Minimum Visible (5) der Flächenelemente kleiner bzw. deckungsgleich ist (im Maßstab 1:300 000) mit der geforderten kleinsten noch darstellbaren Gelände-Detailform von 1 mm im jeweiligen Maßstab. In den Maßstäben 1:200 000, 1:100 000 und 1:50 000 werden jedoch diese theoretischen Bedingungen nicht erfüllt, da die durch das Auflösungsvermögen des LANDSAT-Materials bedingte kleinste erkennbare Geländeform $^1/_2$-, 3- bzw. 6fach *größer sein muß* als die graphisch gerade noch ausführbare Reliefform.

Das Minimum Visible der Linienelemente, das für die Kartierung von Geländeformen nur eine Rolle spielt, wenn diese vom Wasser begrenzt werden, liegt nur im Maßstab 1:50 000 am Rande der geforderten minimalen Gelände-Detailform von 1 mm.

(5) Unter „Minimum Visible" versteht man die Detailerkennbarkeit von Objekten an der Erdoberfläche, angegeben in mm (GIERLOFF-EMDEN, 1974)

9.6. Übersichten und Tabellen

9.6.1. Tab. 3 Zeichenschlüssel für die Arbeitsfolien der Kartenbeispiele
Table 3 Code for the working sheets of the map examples at the scales of 1:100 000 to 1:1 million
Cuadro 3 Code para las hojas de trabajo de los ejemplos cartográficos en escala 1:100 000 hasta 1:1 million

Maßstab	Kartenrahmen	Küstenkontur	Flüsse	Straßen	Höhenlinien
1:50000 (Forderung der gewünschten Zeichnung)	0,30	0,10	0,10 0,12 0,15 0,20	0,10 0,30 0,10	0,20 0,10
1:100000	0,60	0,20	0,20 0,25 0,30 0,40	0,20 0,60 0,20	0,40 0,20
1:200000	1,20	0,40	0,40 0,50 0,60 0,80	0,40 1,20 0,40	0,80 0,40
1:300000	1,80	0,60	0,60 0,70 0,80 1,00	0,60 1,80 0,60	1,20 0,60
1:500000	3,00	1,00	1,00 1,20 1,50 2,00	1,00 3,00 1,00	2,00 1,00
1:1 Million	6,00	2,00	2,00 2,40 3,00 4,00	2,00 6,00 2,00	4,00 2,00

alle Angaben in mm Zeichnungsbreite

9.6.2. Tab. 4 Tabelle der darstellbaren Minimaldimensionen in den verschiedenen Maßstäben
Table 4 Representable minimal dimensions at different scales
Cuadro 4 Dimensiones mínimas posibles de reproducir y en distintas escalas

(1) untere Eindeutigkeitsgrenze	Kartenmaßstab	(2) LINIE schwarz 0,05 mm -NATUR-(in m)	(2) LINIE farbig 0,1 mm -NATUR-(in m)	(2) LINIEN-ABSTÄNDE bis 0,25 mm -NATUR-(in m)	(3) FLÄCHE Seitenlänge 0,3 mm Fläche 0,09 mm^2 -NATUR-(in m^2)	(2) FLÄCHEN-ABSTÄNDE bis 0,2 mm -NATUR-(in m)	durch GENERALISIERUNG bedingte Übertreibung (zeichnerische Verbreiterung)
Realdarstellung	**1 : 5000 u.>**	0,25	0,50	1,25	2,25	1,00	
	1 : 10000	0,50	1,00	2,50	9,00	2,00	~ 1,6-fach
	1 : 25000	1,25	2,50	6,25	56,25	55,00	~ 4 -fach (4)
	1 : 50000 •	2,50	5,00	12,50	225,00	10,00	~ 8 -fach (4)
~2 mm	**1 : 100000** •	5,00	10,00	25,00	900,00	20,00	~ 16 -fach (4)
	1 : 200000 •	10,00	20,00	50,00	3600,00	40,00	~ 32 -fach (5)
	1 : 250000	12,50	25,00	62,50	8100,00	50,00	~ 40 -fach (5)
	1 : 300000 •	15,00	30,00	75,00	14400,00	60,00	~ 50 -fach (5)
~2,5 – 3 mm	**1 : 500000** •	25,00	50,00	125,00	22500,00	100,00	~ 80 -fach (5)
	1 : 750000	37,50	75,00	187,50	50635,00	150,00	~120 -fach (5)
	1 : 1 Million •	50,00	100,00	250,00	90000,00	200,00	~160 -fach (5)

(1) WILHELMY (1972) (2) HEISSLER (1962) (3) NEUMANN (1972) (4) HEISSLER (1962) (5) eigene Berechnungen

• Maßstäbe, die bei den Untersuchungen der Verbesserung der Geländedarstellung berücksichtigt wurden

9.6.3. Tab. 5 Tabelle der dargestellten Dimensionen in den Maßstäben 1:50 000 bis 1:1 Million
Table 5 Represented dimensions at the scales of 1:50 000 to 1:1 million
Cuadro 5 Dimensiones presentadas en escala 1:50 000 hasta 1:1 million

Maßstab (1)	Zeichnungsbreite der Straßen (in mm)	zeichnerische Verbreiterung der Straßen auf: (3) -Natur- (in m)	Abweichung von der natürlichen Straßenbreite, die mit 5 m Breite angenommen wird	maximale Abweichungen von der Straßenmittelachse (zeichnerische Verdrängung) -Natur- in die Richtungen: Nord (in m)	West (in m)	Süd (in m)	Ost (in m)	Zeichnungsbreite Küstenkontur -Natur- (in m)	Zeichnungsbreite Höhenlinien -Natur- (in m)
1 : 50000 (2)	0,5	25	5-fach	•	•	•	•	5	5
1 : 100000	1,0	50	10-fach	50	30	40	40	10	10
1 : 200000	2,0	100	20-fach	100	75	50	75	20	20
1 : 300000	3,0	150	30-fach	150	125	75	100	30	30
1 : 500000	5,0	250	50-fach	250	225	100	200	50	50
1 : 1 Million	10,0	500	100-fach	500	450	250	450	100	100

(1) die Überzeichnung erfolgte im Maßstab 1:50000 (für alle benötigten Maßstäbe der Kartenbeispiele)
(2) nach Tab. 9.6.1 festgelegte Zeichnungsmaße
(3) vergl. Tab. 9.6.1

G. Edelmann 1976

10. Technische Probleme bei der Herstellung der Halbtonvergrößerung vom LANDSAT-Material in den Maßstäben 1:50000 bis 1:1 Million

Bei der Betrachtung des Ausgangsnegatives (NASA ERTS E-1210-15 503) zeigte sich, daß der von der NASA aufkopierte Graukeil durch diverse Umkopierungen Störungen aufwies.

Jeder Objekthelligkeit entspricht ein Grauton im Bild. Den Zusammenhang zwischen der reflektierten Lichtmenge und der Schwärzung der Filmemulsion beschreibt die Schwärzungskurve (GIERLOFF-EMDEN u. SCHROEDER-LANZ, 1970, Bd. I).

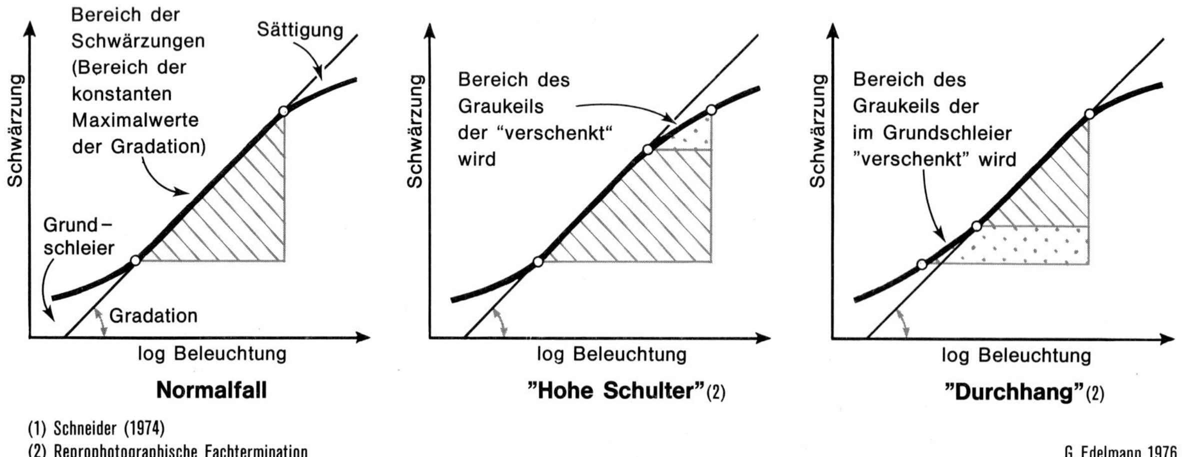

Abb. 4 Schwärzungskurven
Fig. 4 Density curves
Fig. 4 Curvas de densidades fotográficas

Das LANDSAT-Negativ, das als Vergrößerungsbasis diente, wies eine ,,hohe Schulter“ auf, d. h. der obere Bereich des Graukeilumfanges wurde bei den Umkopierungen verschenkt. Von 15 Graukeilstufen sind 4 unbrauchbar und weisen eine Schwärzung auf, die nicht mehr in einzelne Stufen differenziert werden kann. Es bleibt festzustellen, daß der visuelle Vergleich der Grauwertstufen (relative Skala) bei der Beschaffenheit des heutigen Filmmaterials, das weitestgehend auf Maschinenentwicklung orientiert ist, nicht ausreicht.

Es ist unumgänglich, Grautonmessungen mit dem Densitometer durchzuführen.

Durch Vergrößerung um 100 % (vom Maßstab 1:1 Million auf 1:500 000) wurde *dieses* Negativ nach diversen Versuchen den Grautonwerten des Ausgangsnegatives angepaßt und diente als Vergrößerungs- bzw. Verkleinerungsvorlage für alle weiteren reprographischen Projektionen. Diese verlagerte Ausgangsbasis wurde notwendig, um bei Vergrößerungen um das 20-fache die Herstellung von weiteren ,,Zwischennegativen“auszuschalten. Mit der Formel $\frac{(M + 1)^2}{4}$ wurde der Vergrößerungs- mit dem Belichtungsfaktor korreliert, um bei den Projektionen die richtige Beleuchtungsintensität auf der Projektionsfläche der Kamera zu erzielen (6).

(6) $\frac{(M + 1)^2}{4}$ = Belichtungsfaktor (Intensität x Zeit), wobei M = Maßstab und 1/4 = feststehender Faktor
(Die Belichtung entspricht dem Produkt aus Beleuchtungsstärke auf dem Film und der Belichtungsdauer)

Es ergeben sich folgende Werte:

Tab. 6 Reprophotographische Einstellwerte für die Aufnahmen
Table 6 Values of adjustment for photographical reproduction of the images
Cuadro 6 Posición de valores para las reproducciones fotográficas de las imágenes

Maßstab	Belichtungszeit nach der Formel $\frac{(M+1)^2}{4}$	Vergrößerungs-faktor	theoretische Belichtungszeit (in sec)	Blende	verwendete Belichtungszeit (in sec)	Blende	Entwickler-lösung	Entwickler-temperatur	Entwicklungszeit (in min)
1 : 1 Million	0,56	50 %	5,6	22	5,6	22	1 + 4	20°C	4
1 : 500000 (1)	1,00	100 %	10,0	22	10,0	22	1 + 4	20°C	4
1 : 300000	1,78	166 %	17,8	22	17,8	22	1 + 4	20°C	4
1 : 200000	3,06	250 %	30,6	22	30,6	22	1 + 4	20°C	4
1 : 100000	9,00	500 %	90,0	22	45,0	16 (2)	1 + 4	20°C	4
1 : 50000	30,00	1000 %	300,0	22	75,0	8 (2)	1 + 4	20°C	4

(1) Basisnegativ

(2) Vergrößerung der Blende zur Verkürzung der Belichtungsdauer, um die Hitzeentwicklung in der Reprokamera zu verringern

G. Edelmann 1976

Verwendete Materialien

Halbtonfilm:	N 31 p von Agfa	} (7)
Entwickler:	DG 10 von Kodak	
Kamera:	HOLUX	

Da die Genauigkeit der Geländedarstellungs-Versuche und die Zeichnungsschärfe abhängig sind vom Maßstab der benützten Aufnahme und von der Bildqualität, ist zu verstehen, daß mit den Projektionen der LANDSAT-Aufnahmen ein großer technischer Aufwand betrieben werden mußte. Dieser Aufwand machte sich wohl bezahlt, denn ohne Paßpunktbestimmung konnten auf rein rechnerischem Weg die Halbtonaufnahmen mit den entsprechenden Karten in Übereinstimmung gebracht werden.

(7) Hier wurde dem Grundsatz zuwidergehandelt, das Filmmaterial mit dem zugehörigen Entwickler derselben Firma zu bearbeiten. Versuche, die beim Reproduktionsphotographen konstant durchgeführt werden müssen, um die Schwankungen des gelieferten Filmmaterials ausgleichen zu können, zeigten, daß der Kodakentwickler „DG 10“ bessere Ergebnisse zeitigte als der Entwickler „65 c Variolux“ von Agfa

11. Ablaufschema der Untersuchungen über die Verbesserung der Geländedarstellung mit Hilfe von LANDSAT-1-Aufnahmen

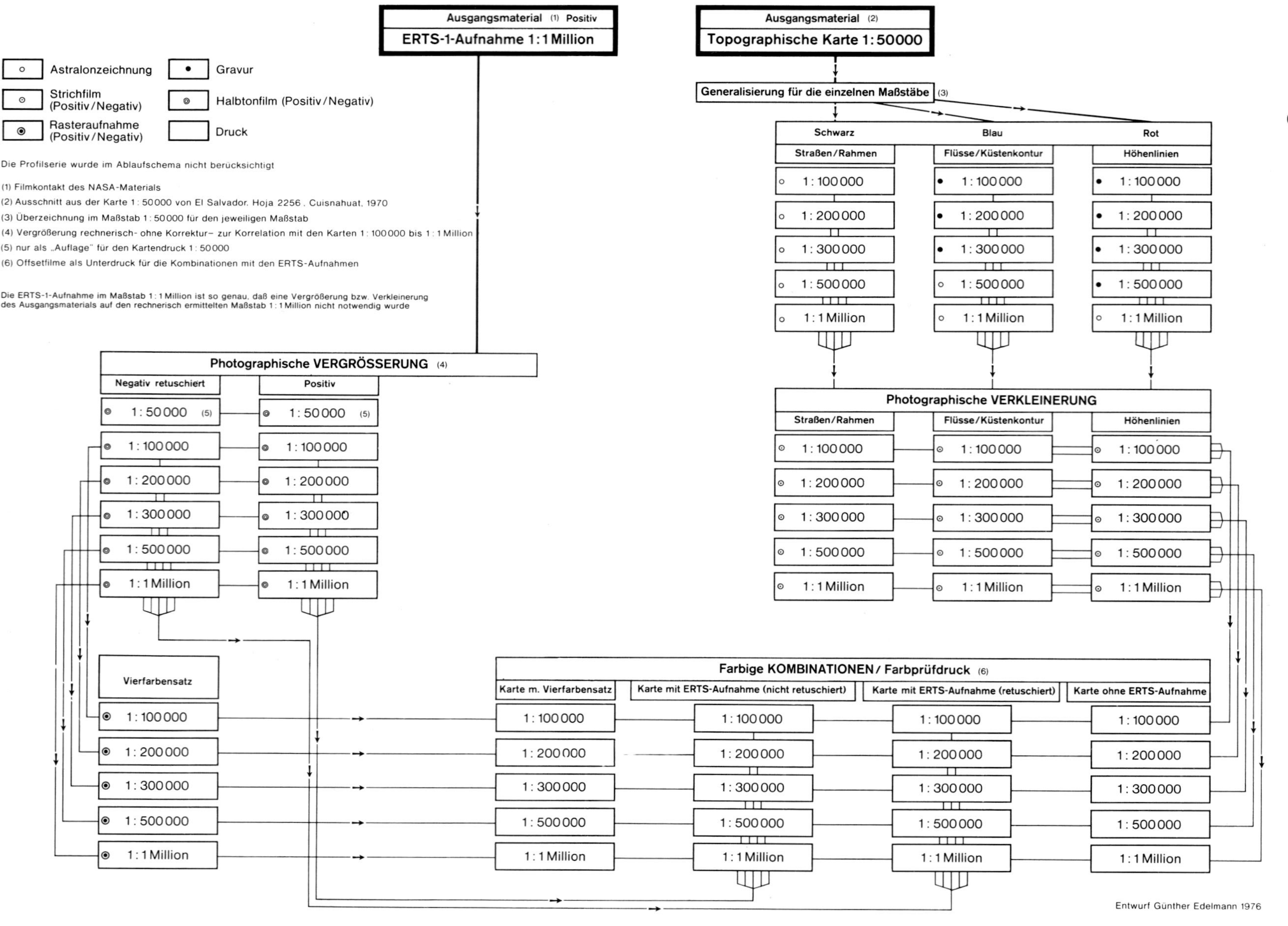

Abb. 5 Ablaufschema der Untersuchungen über die Verbesserung der Geländedarstellungen mit Hilfe von LANDSAT-Aufnahmen
Fig. 5 Scheme of the process of investigation on the improvement of relief mapping by means of LANDSAT images
Fig. 5 Esquema del desarollo de las análises sobre la mejora de la presentación del terreno con ayuda de imágenes LANDSAT

12. Zusammenfassungen

Zusammenfassung

Die Raumfahrttechnik ermöglicht es, eine objektive optische Generalisierung der sichtbaren Topographie der Erdoberfläche durchzuführen.

Aus MSS-Kanal 7 einer Satellitenaufnahme der LANDSAT-Serie wurde versucht, Schummerungen bzw. Schummerungsvorlagen des westlichen Balsamgebirges in El Savador in den Maßstäben 1:50 000, 1:100 000, 1:200 000, 1:300 000, 1:500 000 und 1:1 Million zu erstellen.

Es hat sich gezeigt, daß bei günstiger Lage des Gebirges (senkrecht zur Beleuchtungsrichtung), günstigen klimatischen Verhältnissen mit wenig störender Vegetationsbedeckung (Trockenzeit) und dem Einsatz hochqualifizierter Reproduktionstechnik Geländeschummerungen direkt aus dem LANDSAT-Aufnahmematerial gewonnen werden können. Ohne Korrektur konnte die LANDSAT-Aufnahme bezüglich der Reliefimagination mit dem durch Generalisierung aus der Topographischen Karte von El Salvador 1:50 000 gewonnenen Höhenlinienbild in allen untersuchten Maßstäben korreliert werden.

Der größte Teil der landbedeckten Erdoberfläche ist im Maßstab 1:1 Million kartiert, aber nur ein Teil davon ist in einer den Ansprüchen der Verbraucher genügenden Form publiziert worden. Das LANDSAT-Material bietet die Möglichkeit, Kartenblätter der Internationalen Weltkarte 1:1 Million mit mangelhafter geographisch-kartographischer Erschließung wesentlich zu verbessern.

Summary

The development of space techniques enables us to try an objective optical generalization of the visible topography of the earth's surface.

With the example of the western part of the sierra de Bálsamo, El Salvador, we succeeded to elaborate relief shading at the scales of 1:50 000, 1:100 000, 1:200 000, 1:300 000, 1:500 000, and 1:1 million by means of MSS-band 7 of a LANDSAT image.

We learnt that relief shading can be gained directly from the LANDSAT images, if the mountain range is favourably positioned (perpendicular to the direction of illumination), if favourable climatic conditions lead to a sparse vegetation cover (dry season), and if highly qualified reproduction techniques are used. It was possible to correlate the LANDSAT image relief representation without any corrections with the contour line image gained from the topographical map 1:50 000 of El Salvador by generalization at all investigated scales.

The major part of the subaerial earth's surface has been mapped at the scale of 1:1 million, but only a part has been published in an acceptable form for the user's purposes. The LANDSAT imagery offers the possibility to improve substantially those sheets of the International Map of the World at 1:1 million which are geographically and cartographically insufficient.

Resumen

La técnica de viajes espaciales ha hecho posible una generalización óptica objetiva de la topografía visible de la superficie terrestre.

A partir del MSS – canal 7 de una série de imágenes tomadas por el satélite LANDSAT – 1 se ha intentado matizar el relieve en mapas de la sierra de Bálsamo oeste en El Salvador con las escalas 1:50 000, 1:100 000, 1:200 000, 1:300 000, 1:500 000 y 1:1 million.

Se ha demostrado que con una posición favorable de la sierra (perpendicular a la dirección de la luz), buenas condiciones climáticas con poca vegetación (meses de sequía) y el uso de excelentes técnicas de reproducción se pueden ganar matizes del relieve directamente de las imágenes LANDSAT. Se pudo correlacionar sin correcturas la representación del relieve en la imagen LANDSAT con la imagen de las curvas de nível ganadas por la generalización del mapa topográfico de El Salvador a escala 1:50 000 en todas las medidas investigadas.

La maior parte de la superficie subaerea de la tierra está cartografiada en escala 1:1 million, pero solamente una parte de ella está publicada a un nível aceptable con las necesidades del usario. El material obtenido por intermedio del LANDSAT oferece la posibilidad de mejorar notoriamente hojas de la Carta Topográfica Internacional del Mundo a escala 1:1 million con detalles insuficientes.

13. Literatur

BÄHR, H.-P. u. SCHUHR, W. (1974): Versuche zur Ermittlung der geometrischen Genauigkeit von ERTS-Multispektral-Bildern
Bildmessung und Luftbildwesen, Heft 1, 1974, S. 22–24, Karlsruhe

BECK, W. (1972): Die Zukunft der Karte
Kartographische Nachrichten, 22. Jg., Heft 1, 1972, S. 1–10, Bonn-Bad Godesberg

BODECHTEL, J. (1974): Möglichkeiten und künftige Entwicklung der Fernerkundung durch Satelliten
Kartographische Nachrichten, 24. Jg., Heft 3, 1974, S. 92–98, Bonn-Bad Godesberg

BODECHTEL, J. u. GIERLOFF-EMDEN, H. G. (1974): Weltraumbilder, die dritte Entdeckung der Erde, 1974, 207 S., München

BÖHME, R. (1971): The status of world topographic mapping
Kartographische Nachrichten, 21. Jg., Heft 4, 1971, S. 156–158, Bonn-Bad Godesberg

DOMOGALLA, P., MAIR, G., SCHMIDT, R.-G. (1974): Ein Beitrag zur quantitativen Erfassung des Reliefs für die Darstellung in geomorphologischen Karten – Methode zur Bestimmung der Wölbungsradien
Kartographische Nachrichten, 24. Jg., Heft 3, 1974, S. 99–104, Bonn-Bad Godesberg

GIERLOFF-EMDEN, H. G. (1957): Erhebungen und Beiträge zu den physikalisch-geographischen Grundlagen von El Salvador unter Verarbeitung der Literatur
Sonderdruck aus den Mitteilungen der Geographischen Gesellschaft in Hamburg, Band 53, 1957, 140 S.

GIERLOFF-EMDEN, H. G. (1959): Die Küste von El Salvador – eine morphologisch-ozeanographische Monographie
Acta Humboldtiana, Series Geographica et Ethnographica Nr. 2, 183 S., Wiesbaden

GIERLOFF-EMDEN, H. G. (1974): Anwendung von Multispektralaufnahmen des ERTS-Satelliten zur kleinmaßstäbigen Kartierung der Stockwerke amphibischer Küstenräume am Beispiel von El Salvador
Kartographische Nachrichten, 24. Jg., Heft 2, 1974, S. 54–76, Bonn-Bad Godesberg

GIERLOFF-EMDEN, H. G. u. SCHROEDER-LANZ, H. (1970): Luftbildauswertung, Band I, II, III
Hochschultaschenbücher 358/358a, 367/367a, 368/368a/b, 154 S., 157 S., 200 S., Mannheim 1970

GREBE, W.-H. (1963): Zur Geologie der altvulkanischen Gebirge in El Salvador (Mittelamerika)
Beihefte zum Geologischen Jahrbuch, Heft 50, S. 78, 1963, Hannover

GREGORY, A. F. (1971): Earth-observation satellites: a potential impetus for economic and social development
World Cartography, Volume XI, United Nations, New York 1971, S. 1–15

GRENACHER, F. (1968): Die Internationale Weltkarte 1:1 000 000 im Zeitgeschehen
Kartographische Nachrichten, 18. Jg., Heft 1, 1968, S. 1–10, Bonn-Bad Godesberg

HEISSLER, V. (1962): Kartographie
Sammlung Göschen, Band 30/30 a, 213 S., Berlin 1962

HERRMANN, C. (1972): Studien zu einer naturähnlichen Topographischen Karte 1:500 000 (Kombination von Schräglichtschattierung mit Oberflächenbedeckungsfarben)
Dissertation, Geographisches Institut der Universität Zürich, Zürich 1972

HERRMANN, C. (1973): Entwicklungsmöglichkeiten topographischer Übersichtskarten (am Beispiel des Maßstabes 1:500 000)
Kartographische Nachrichten, 23. Jg., Heft 4, 1973, S. 148–156, Bonn-Bad Godesberg

HÖLZEL, F. (1962): Die Geländeschummerung in einer Krise?
Kartographische Nachrichten, 12. Jg., Heft 1, 1962, S. 17–21, Bonn-Bad Godesberg

IMHOF, E. (1956): Aufgaben und Methoden der theoretischen Kartographie
Petermanns Geographische Mitteilungen, 100 Jg., Heft 2, 1956, S. 165–171, Gotha

IMHOF, E. (1965): Kartographische Geländedarstellung, Walter de Gruyter & Co., Berlin 1965

KNORR, H. (1967): Über Gegenwartsprobleme der Kartographie
Kartographische Nachrichten, 17. Jg., Heft 5, 1967, S. 149–160, Bonn-Bad Godesberg

KOEMAN, C. (1971): Die Geländedarstellung von Hochgebirgen in kleinmaßstäbigen Karten, überprüft durch Satellitenbilder
Kartographische Nachrichten, 21. Jg., Heft 1, 1971, S. 1–16, Bonn-Bad Godesberg

LEHMANN, G. (1959): Photogrammetrie
Sammlung Göschen, Band 1188/1188a, 189 S., Berlin 1959

LIST, F. K., HELMCKE, D., ROLAND, N. W. (1974): Vergleich der geologischen Information aus Satelliten- und Luftbildern sowie Geländeuntersuchungen im Tibesti-Gebirge (Tschad)
Bildmessung und Luftbildwesen, Heft 4, 1974, S. 116–122, Karlsruhe

NEUMANN, J. (1972): Wo liegt die Maßstabsgrenze zwischen topographischen und chorographischen Karten
Kartographische Nachrichten, 22. Jg., Heft 3, 1972, S. 107–110, Bonn-Bad Godesberg

PÖHLMANN, G. (1958): Heutige Methoden und Verfahren der Geländedarstellung
Kartographische Nachrichten, 8. Jg., Heft 3, 1958, S. 71–79, Bonn-Bad Godesberg

SCHNEIDER, S. (1974): Luftbild und Luftbildinterpretation
Lehrbuch der Allgemeinen Geographie, Band XI, Walter de Gruyter & Co., 530 S., Berlin 1974

TOSCHINSKI, E. (1958): Die Geländegeneralisierung in topographischen Karten
Kartographische Nachrichten, 8. Jg., Heft 3, 1958, S. 90–98, Bonn-Bad Godesberg

WEYL, R. (1954): Die Schmelztuffe der Balsamkette
Abhandlungen für Geologie und Paläontologie, 1–32, S. 3, 1954

WILHELMY, H. (1972): Kartographie in Stichworten
Ferdinand Hirt Verlag, Bandausgabe, 2. Auflage, Kiel 1972

YOÉLI, P. (1965): Analytische Schattierung – ein kartographischer Versuch –
Kartographische Nachrichten, 15. Jg., Heft 4, 1965, S. 142–148, Bonn-Bad Godesberg

14. Verwendete Karten

Karte von El Salvador 1:50 000
Hoja (Blatt) 2256 I, Cuisnahuat, República de El Salvador, Instituto Geográfico Nacional, Ministerio de Oo. Pp., 1970

Die Steilküste des Balsamgebirges mit Felsnasen und Sand- und Geröllbuchten (Karte 5) ca. 1:82 000
Gierloff-Emden, H. G., Die Küste von El Salvador – eine morphologisch-ozeanographische Monographie
Acta Humboldtiana, Series Geographica et Ethnographica Nr. 2, S. 64/65, Wiesbaden 1959

Karte von El Salvador 1:100 000
Blatt Departemento de Sonsonate, República de El Salvador, Ministerio de Oo. Pp., Dirección General de Cartografía, 1967

Mapa Oficial de la República de El Salvador 1:200 000
República de El Salvador, Ministerio de Obras Públicas, Instituto Geográfico Nacional, Ingeniero Pablo Arnoldo Guzmán, 1973

Mapa Escolar Preliminar 1:200 000
República de El Salvador, Ministerio de Oo. Pp., Dirección de Cartografía, 1952

Mapa Oficial de la República de El Salvador 1:300 000
República de El Salvador, Ministerio de Obras Públicas, Instituto Geográfico Nacional, 1968

Mapa Físico de El Salvador ca. 1:475 000
D. G. E. C. Sección Cartográfica

Geologische Übersichtskarte der Republik El Salvador 1:500 000
Bundesanstalt für Bodenforschung, Hannover 1974

Übersichtskarte von El Salvador 1:700 000
Gierloff-Emden, H. G., Erhebungen und Beiträge zu den physikalisch-geographischen Grundlagen von El Salvador, Sonderdruck aus den Mitteilungen der Geographischen Gesellschaft in Hamburg, Band 53, 1958 (Anhang)

Morphographische Karte von El Salvador ca. 1:870 000
Gierloff-Emden, H. G., Erhebungen und Beiträge zu den physikalisch-geographischen Grundlagen von El Salvador, Sonderdruck aus den Mitteilungen der Geographischen Gesellschaft in Hamburg, Band 53, 1958, nach S. 48

World Aeronautical Chart 1:1 Million
Blatt 710, Gulf of Fonseca, Aeronautical Chart Service, U. S. Air Force, Washington, D. C., 1950

15. Abbildungen und Tabellen

Figures and tables

Figuras y cuadros sinópticos

Tafel 1

Untersuchungen über die Verbesserung der Geländedarstellung mit Hilfe von ERTS-1-Aufnahmen

in den Maßstäben :
1 : 100000
1 : 200000
1 : 300000
1 : 500000
1 : 1 Million

Günther Edelmann 1976

Ausschnitt aus der Karte 1 : 50000 von El Salvador, Hoja 2256 I, Cuisnahuat, 1970

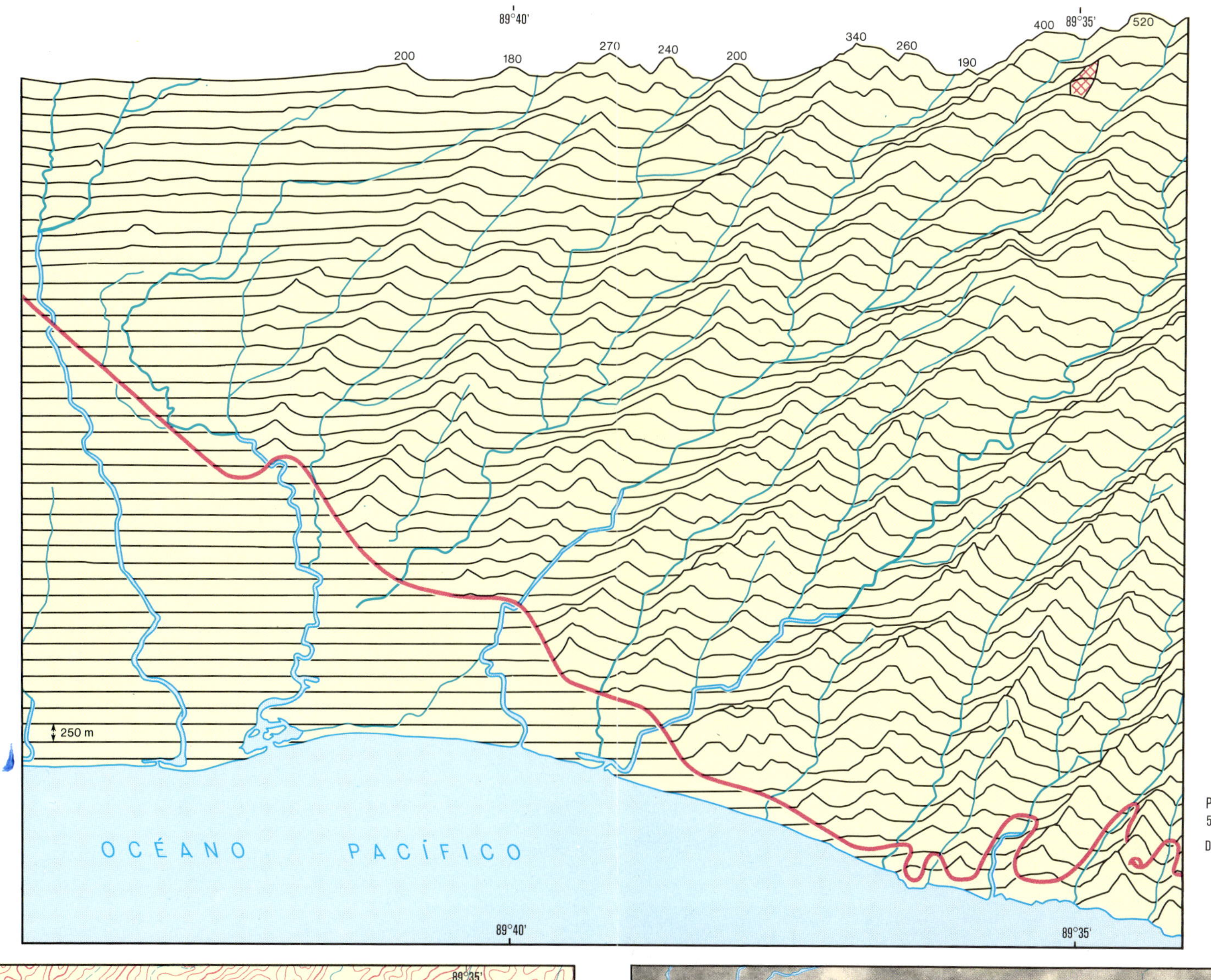

Profilserie
52 Profilschnitte in 2½-facher Überhöhung
Der Ausschnitt der Profilserie entspricht dem Ausschnitt der Karten

Vegetationsformen, kleinere Siedlungen und Straßen, topographische Einzelzeichen und Tunnels wurden nicht berücksichtigt

Maßstab 1 : 100000

Karte ohne ERTS-Aufnahme

María 178
89°40'
89°35'
Bolsita 118
Asiscio 202
Apancoyo 305
Francia 403
Santa Isabel Ishuatan
Ishuatan 445
Caballero 190
Canoa 417
13°35'
Carretera del Litoral
Robledo 217
Paso de Canoa 238
Quebrachal 477
Pedrera 142
Río Pululuya
Río Mandinga
Río Sunzapate
Río Shuapilaya
Presidio 35
Río Banderas
Río Ayacachapa
Corozal 270
Chiquileca 362
Río Ayacachapa
Cuervo 208
Barra Salada
Barra el Maguey
Barra de Ayacachapa
Barra Dulce
Barra Ciega
Río Mizata
OCÉANO PACÍFICO

Karte mit Vierfarbensatz (aus Negativ-retuschiert)

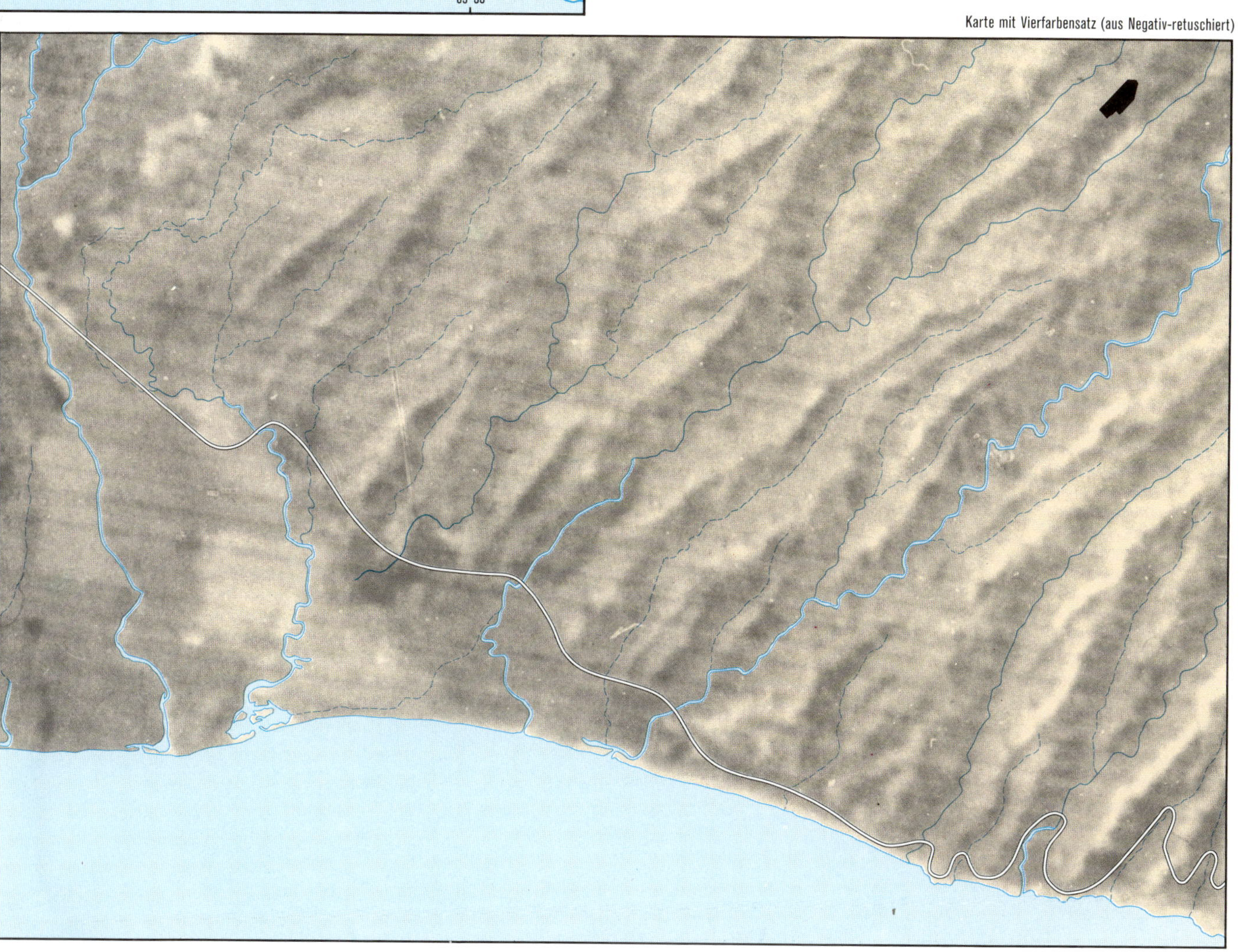

◄ TAFEL 1

Untersuchungen über die Verbesserung der Geländedarstellung mit Hilfe von ERTS-1-Aufnahmen

Tafel 2

Maßstab 1 : 100000

RTS-Aufnahme (Positiv-nicht retuschiert)

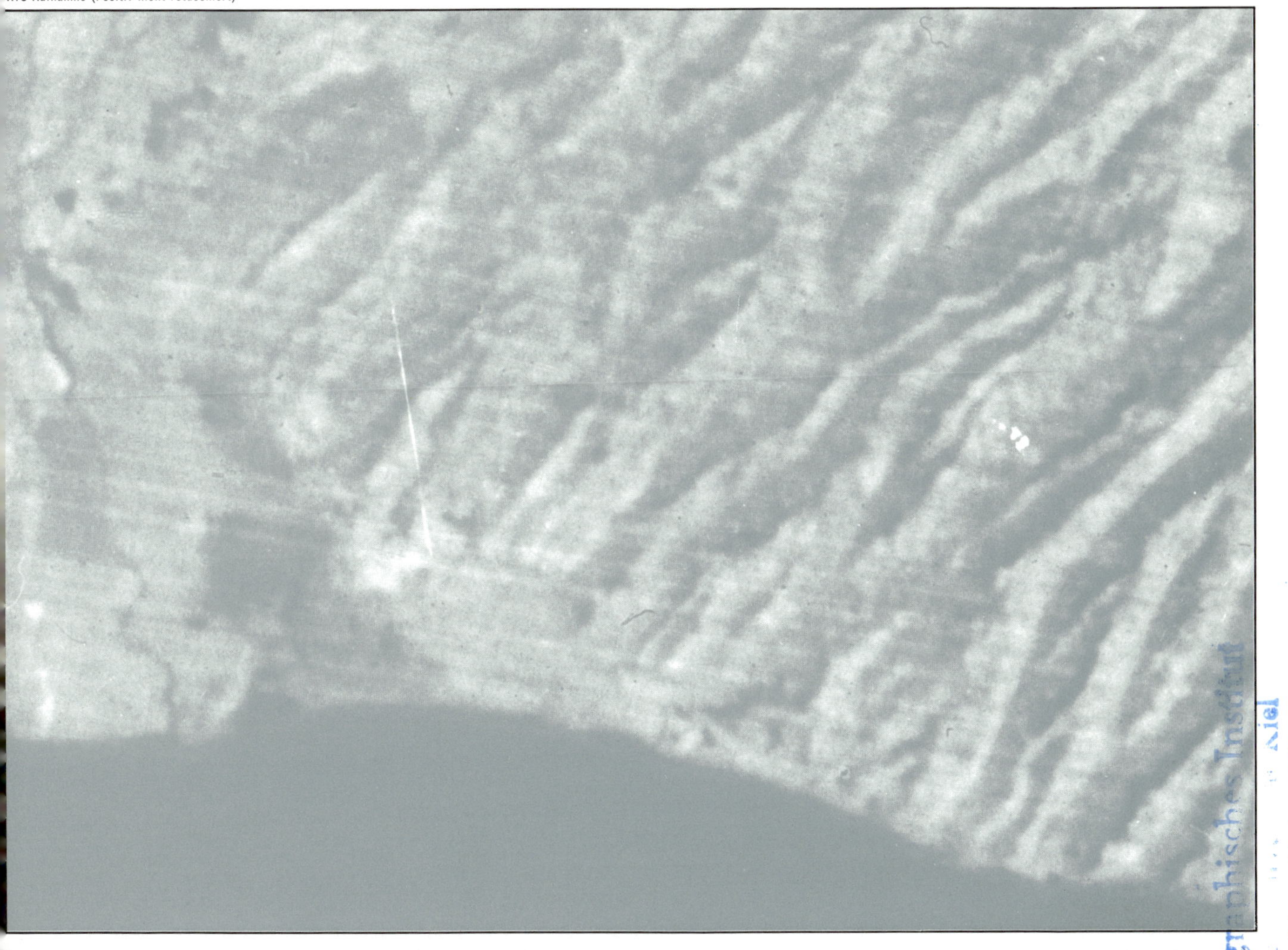

Karte mit ERTS-Aufnahme (Positiv-nicht retuschiert)

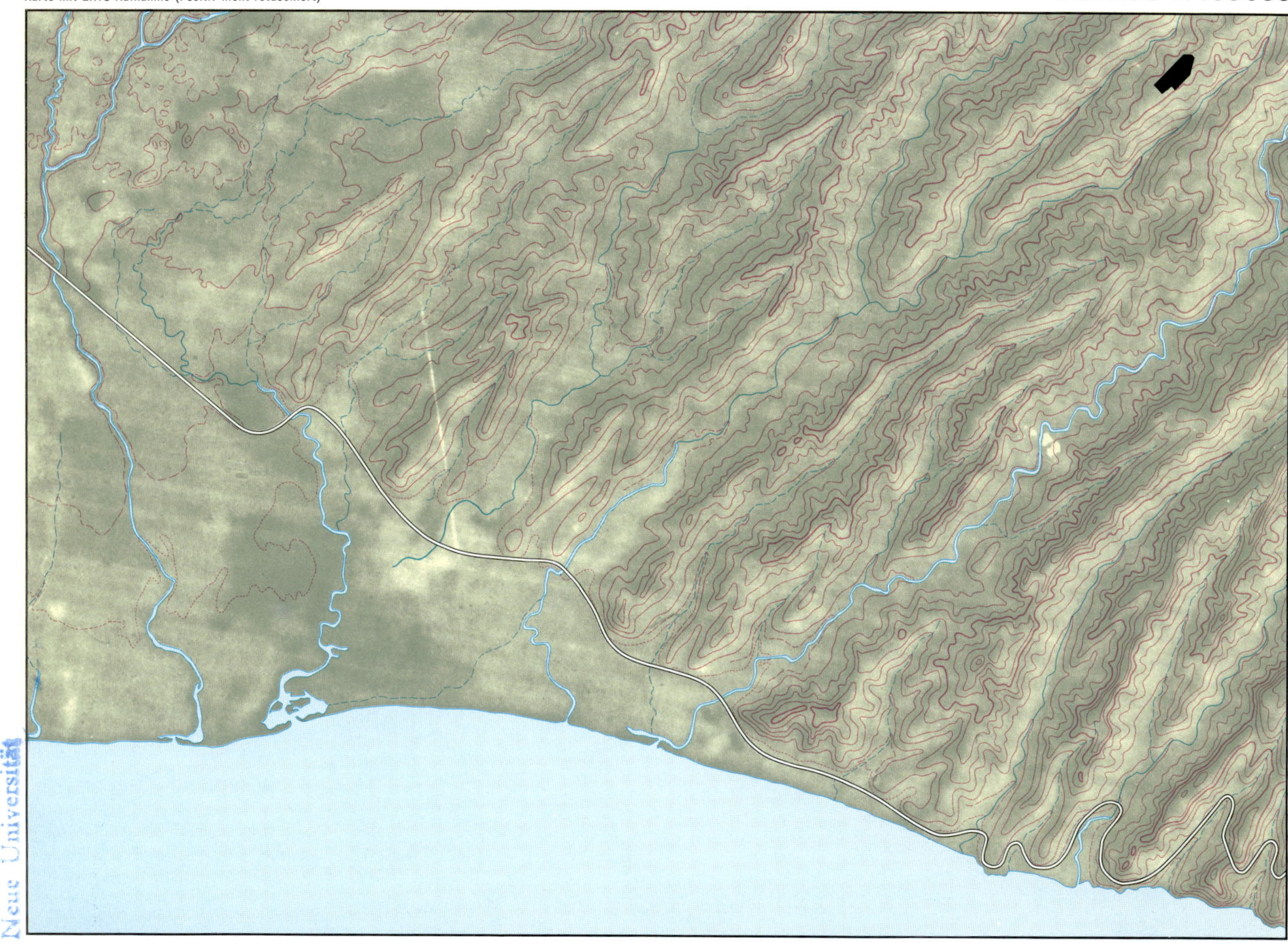

ERTS-Aufnahme (Negativ-retuschiert)

Karte mit ERTS-Aufnahme (Negativ-retuschiert)

Günther Edelmann 1976

◄ TAFEL 2

Untersuchungen über die Verbesserung der Geländedarstellung mit Hilfe von ERTS-1-Aufnahmen

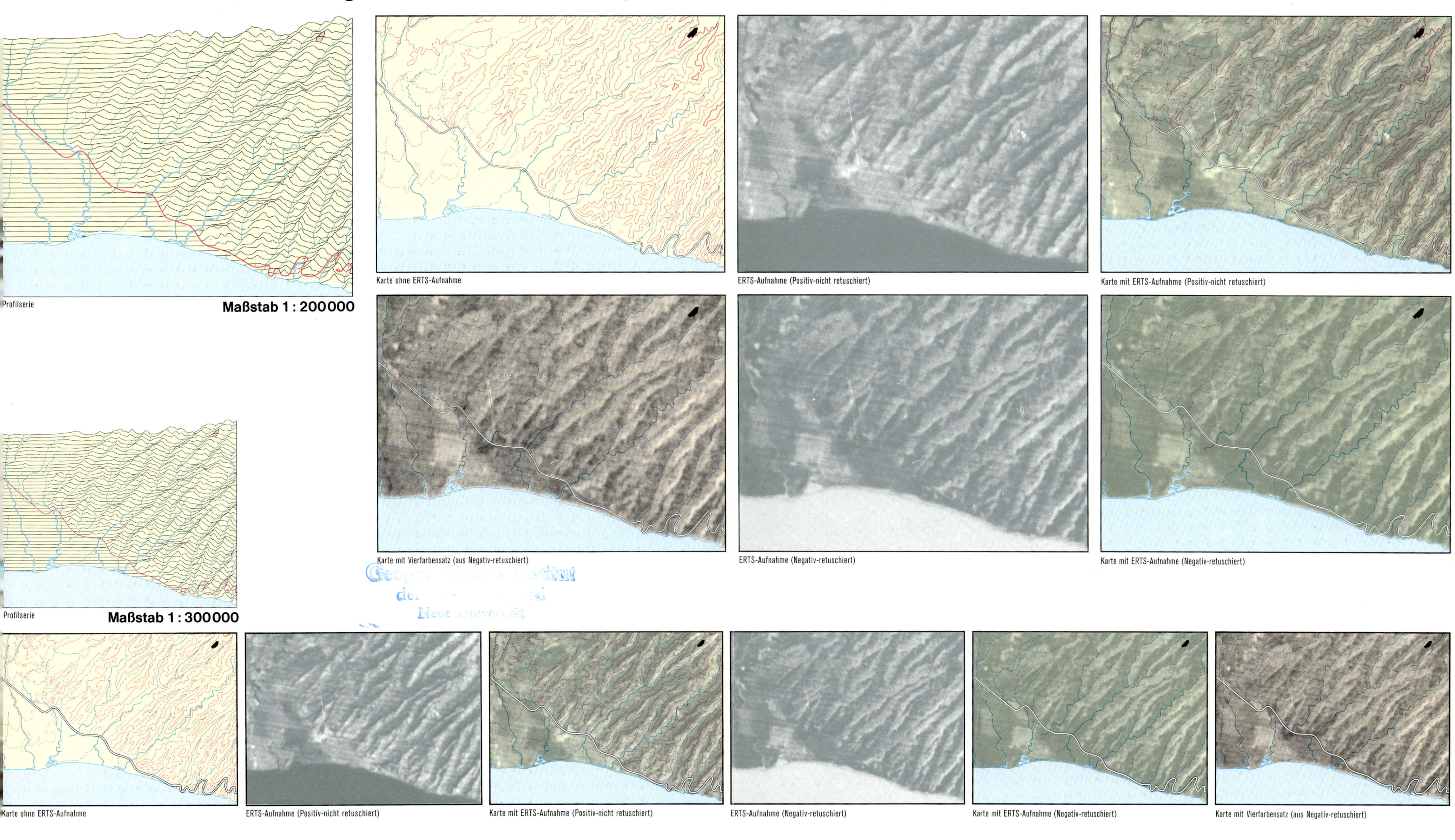

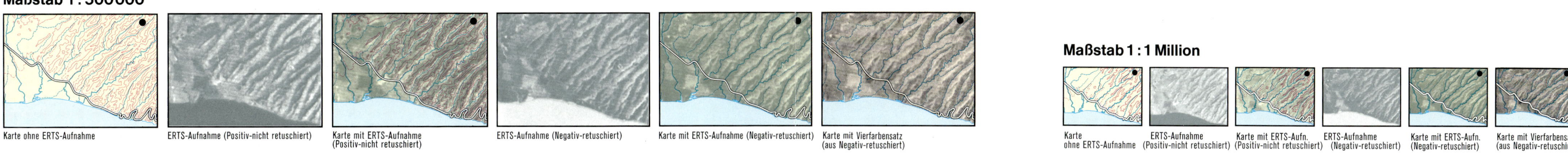

Günther Edelmann 1976

◄ TAFEL 3

Untersuchungen über die Verbesserung der Geländedarstellung mit Hilfe von ERTS-1-Aufnahmen

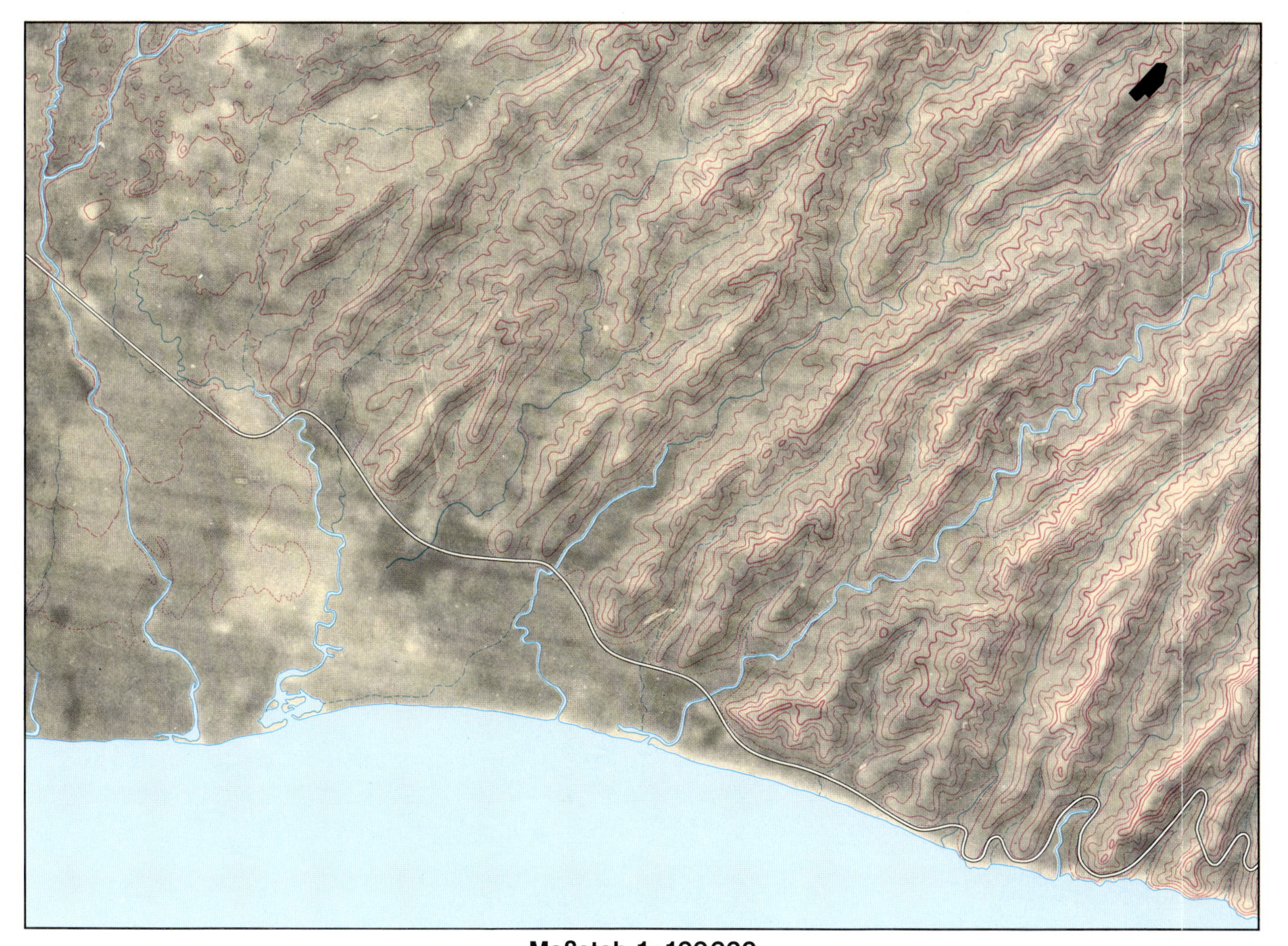

Maßstab 1 : 100000

Ausschnitt

Zeichenschlüssel

Siedlung
Area Urbanizada
befestigte Straßen
Carretera Pavimentada
Fluß
Rio
Bach (mit unregelm. Wasserführung)
Vaguada

Höhenlinien
Curvas de Nivel
200 m
160 m
120 m
80 m
40 m
0 m
20 m
10 m

Zeichenschlüssel

Siedlung
Area Urbanizada
befestigte Straßen
Carretera Pavimentada
Fluß
Rio
Bach (mit unregelm. Wasserführung)
Vaguada

Höhenlinien
Curvas de Nivel
400 m
320 m
240 m
160 m
80 m
0 m
20 m
10 m

Maßstab 1 : 200000

Zeichenschlüssel

Siedlung
Area Urbanizada
befestigte Straßen
Carretera Pavimentaca
Fluß
Rio
Bach (mit unregelm. Wasserführung)
Vaguada

Höhenlinien
Curvas de Nivel
500 m
400 m
300 m
200 m
100 m
0 m
20 m
10 m

Maßstab 1 : 300000

Zeichenschlüssel

Siedlung
Area Urbanizada
befestigte Straßen
Carretera Pavimentada
Fluß
Rio
Bach (mit unregelm. Wasserführung)
Vaguada

Höhenlinien
Curvas de Nivel
500 m
400 m
300 m
200 m
100 m
0 m
20 m

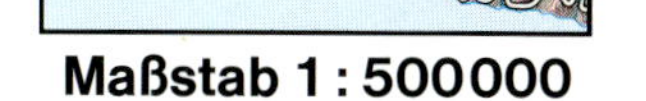

Maßstab 1 : 500000

Zeichenschlüssel

Siedlung
Area Urbanizada
befestigte Straßen
Carretera Pavimentada
Fluß
Rio
Bach (mit unregelm. Wasserführung)
Vaguada

Höhenlinien
Curvas de Nivel
1000 m
800 m
600 m
400 m
200 m
0 m
20 m

Maßstab 1 : 1 Million

Günther Edelmann 1976

◄ TAFEL 4

Peter Heindl

Fernerkundungsverfahren des Flugzeugmeßprogramms als Hilfsmittel für bodengeographische Untersuchungen und Kartierungen am Beispiel von Schlehdorf am Kochelsee

(The contribution of Remote Sensing data from the „Flugzeugmeßprogramm" to soil mapping and investigation at an Upper Bavarian test site (Schlehdorf/Kochelsee))

Inhalt

Vorwort

Die Anregung zu der hier vorgestellten Arbeit erhielt ich von Herrn Univ. Doz. Dr. F. Wieneke. Für sein ständiges Interesse und seine Beratung möchte ich mich bedanken.

Zu dieser Arbeit haben entscheidend beigetragen Herr Prof. Dr. H. G. Gierloff-Emden (Bereitstellung aller Arbeitsmöglichkeiten am Institut für Geographie), Herr Prof. Dr. K. E. Rehfuess, Institut für Bodenkunde und Standortlehre (bodenkundliche Beratung), Herr Prof. Dr. J. Bodechtel, Zentralstelle für Geophotogrammetrie und Fernerkundung der DFG (Bereitstellung des Bildmaterials), Herr Dipl.-Geogr. K. Stöcklhuber (vegetationskundliche Hilfe) und Herr Oberstleutnant Dipl.-Ing. E. Thaler, Wehrbereichskommando VI (technische Hilfen bei der Reproduktion).

Informationen haben bereitgestellt:
- Bayerisches Landesvermessungsamt, München,
- Bayerisches Geologisches Landesamt, München,
- Bayerische Landesanstalt für Bodenkultur u. Pflanzenbau, München,
- Militärgeographisches Amt der Bundeswehr, Bonn-Bad Godesberg,
- Ämter für Landwirtschaft, Wolfratshausen und Weilheim,
- Straßenbauamt Weilheim,
- Gemeindeamt Schlehdorf,
- Firma Kling-Bohrtechnik, Krumbach.

Ihnen allen gilt mein Dank.

Ich bedanke mich bei den Herausgebern der Münchener Geographischen Abhandlungen für die Aufnahme der Arbeit in diese Reihe.

Die hier abgedruckte Arbeit ist eine erheblich gekürzte Zusammenfassung der Diplom-Arbeit, die der Verfasser unter der Anleitung von Herrn Univ. Doz. Dr. F. Wieneke am Institut für Geographie der Universität München angefertigt hat.

Im Interesse der Kürze wurde auf die Darstellung der Einzelergebnisse ebenso verzichtet, wie auf verschiedene Beweisführungen. Besonders bei dem teilweise farbigen Bildmaterial war eine Beschränkung auf einige besonders deutliche Beispiele geboten. Aus dem umfangreichen Literaturverzeichnis wurden nur die zitierte Literatur sowie einige grundlegende Arbeiten übernommen.

München, 1978 *Peter Heindl*

Fernerkundung und Boden

Mit der immer dichter werdenden Besiedelung gewinnt der Boden zunehmend an Bedeutung. Für die sinnvolle Nutzung der natürlichen Resourcen ist u. a. eine bodengeographische Bestandsaufnahme wichtig. Bodenkarten werden für die Landwirtschaft, die kommunale Flächennutzungsplanung, die Landschaftsökologie und die Entwicklungsplanung für die noch unerschlossenen Gebiete der Dritten Welt benötigt. Dabei sind kleinmaßstäbige Übersichtskartierungen als erste Information ebenso wichtig wie detaillierte, großmaßstäbige Kartierungen hoher Genauigkeit für Bodenbewertung, Forsteinrichtung oder Bekämpfung der Bodenerosion.

Die wesentlichen Aussagen über einen Boden (z. B. Bodentyp, Entwicklungstiefe, Nährstoffhaushalt) lassen sich erst nach Kenntnis der Faktoren und Prozesse der Pedogenese machen; diese sind bei ausschließlicher Beobachtung der Bodenoberfläche nicht oder nicht ausreichend erkennbar. Das zwingt den Bearbeiter zur Beobachtung des vollständigen Bodenprofils in Aufschlüssen. Da geeignete Aufschlüsse in aller Regel nicht in ausreichender Zahl vorhanden sind, muß an geeigneten Stellen künstlich ein Profil freigelegt oder mit einem Erdbohrer ein Profilausschnitt entnommen werden.

Diese Grabungs- und Bohrarbeiten sind – wie immer sie organisiert sein mögen – arbeitsintensiv, zeitraubend und für den Auftraggeber damit teuer. So wird jeder Bearbeiter bemüht sein, die Anzahl der Beobachtungen möglichst gering zu halten. Der Abstand der Beobachtungsorte untereinander kann nicht beliebig vergrößert werden, ohne die Verläßlichkeit der Aussagen zu gefährden. Alle Beobachtungen gelten ja dabei streng genommen nur für den Beobachtungsort, d. i. der Aufschluß oder Bohrpunkt.

Seit geraumer Zeit laufen daher Versuche, verschiedene Fernerkundungsverfahren für bodengeographische Arbeiten nutzbar zu machen. Dadurch sollen die Kartierungen schneller, kostengünstiger und mit gleicher oder gar höherer Genauigkeit ausgeführt werden.

Zunächst ist die Frage angebracht, ob die Fernerkundung für bodengeographische Fragen grundsätzlich sinnvoll ist. Hier muß von Anfang an getrennt werden zwischen Versuchen, die darauf abzielen, eine Bodenkarte im wesentlichen ohne Geländearbeit und nur mit Hilfe der Fernerkundung zu erstellen, und solchen Ansätzen, die die Lösung in einer sinnvollen Kombination von Fernerkundung und Geländearbeit suchen.

Allein aus der im Luftbild eventuell gut sichtbaren Bodenoberfläche kann nicht auf die im Boden ablaufenden Prozesse geschlossen werden, deren Kenntnis für eine hinreichend genaue Einschätzung des Bodens grundlegend ist.[1] Nicht jeder oberflächlich gleich aussehende oder gleiche Vegetation tragende oder gleich genutzte Boden ist notwendig gleich. Den Bodentyp nur aus dem Luftbild identifizieren zu wollen, ist spekulativ und damit unwissenschaftlich.

Andererseits ist die Genese der Böden stets eng verknüpft mit den geologischen, morphologischen, klimatischen, hydrographischen und biologischen Bedingungen eines Gebietes und wird besonders in dichtbesiedelten und langjährig intensiv genutzten Gebieten – z. B. in Mitteleuropa – stark von den menschlichen Aktivitäten beeinflußt. Ein großer Teil dieser Bedingungen kann mit dem nötigen Wissen um die Zusammenhänge und in Verbindung mit eventuell vorhandener Vorinformation aus den Luftbildern hinreichend genau erschlossen werden.

So betrachtet stellt die Fernerkundung eine sinnvolle und ernst zu nehmende Arbeitsweise bei bodengeographischen Untersuchungen und Kartierungen dar.

[1] siehe hierzu BURINGH, P. (1960); VINK, A. P. A. (1962)

Informationsangebot der Fernerkundung

Die Information in einem Luftbild besteht aus einer großen Anzahl von Farb- oder Grautönen, die als Kontinuum die Bildfläche bedecken. Das Identifizieren eines Objektes erfolgt über die Kombination von Lage, Größe, Form, Vergesellschaftung, Farbe oder Grauton und Textur. Je nach der Art des Objekts kommt diesen Informationsträgern für den Vorgang des Erkennens mehr oder weniger Bedeutung zu. Heute stehen eine ganze Anzahl von Möglichkeiten zur Verbesserung der Interpretierbarkeit von Luftbildern zur Verfügung. Damit kann die Information, die in einem Luftbild steckt, aufbereitet und die Wahrnehmungsfähigkeit des Menschen optimal ausgenutzt werden. Am ursprünglichen Informationsgehalt des Luftbildes aber ändert sich dabei nichts.

Mit den neuen elektronischen Fernerkundungssensoren ist es möglich, einen weiteren Bereich des elektromagnetischen Spektrums zu erfassen als mit photographischen Kameras. Der Emissions- bzw. Remissionswert, der jedem Bildpunkt (PIXEL) dabei zugeordnet wird, stellt die Summe aller Strahlung des jeweiligen Spektralbereichs dar, die von der dem PIXEL auf der Erdoberfläche entsprechenden Fläche ausgeht und während der Messung den Sensor erreicht. Es handelt sich also auf jeder solchen Abbildung um nacheinander gemessene Werte für diskrete Bildpunkte (Scannerprinzip).

Die Information im Fernerkundungsmaterial ist von verschiedenen Störfaktoren überlagert. Daraus resultiert ein sehr komplexer Gesamtfehler, der nur schwer zu quantifizieren ist. Bei sorgfältiger Arbeit und einwandfreien Geräten liegt jedoch der Restfehler, der im Fernerkundungsmaterial gegenüber der Natur bleibt, innerhalb sehr enger Grenzen.

Die Verwertbarkeit der *topographischen Daten* aus einem Luftbild ist offensichtlich. Das Luftbild bietet dem *geübten* Benutzer in der Regel bessere Orientierungsmöglichkeiten als eine vergleichbare Karte. Zudem ist die Information aus dem Luftbild *aktueller.*

Der Nutzen der *physiognomischen Daten* aus einem Luftbild zur Erfassung der Faktoren der Pedogenese muß differenzierter betrachtet werden.

Die *klimatischen Verhältnisse* sind aus dem Luftbild nur in Ausnahmefällen ausreichend genau zu erarbeiten. Die Möglichkeiten, den *geologischen Aufbau und das Ausgangsgestein* für die Bodenbildung aus dem Luftbild zu ermitteln, sind regional stark verschieden. Das *Relief* kann durch Verwendung von Stereobildpaaren meist sehr genau und mit wenig Aufwand erarbeitet werden. Die *Hydrologie* kann unter Berücksichtigung von Klima, Geologie, Relief und Bildflugwetter in der Regel gut interpretiert werden. Die für die Pedogenese relevante *Fauna* ist in Luftbildern nicht zu erkennen. Die *Vegetation* kann nach ihrer Physiognomie zumindest in gröbere Komplexe eingeteilt werden. Schwierig ist die Interpretation der *menschlichen Aktivitäten.* Richtig erkannte anthropogene Veränderungen ermöglichen wichtige Rückschlüsse auf die übrigen Faktoren der Pedogenese.

In der Regel ist es also möglich, einen beachtlichen Teil der Faktoren der Pedogenese aus dem Luftbild zu erarbeiten. Wo aber gesicherte Aussagen nicht gemacht werden können, sollten Lücken gelassen werden. Für Hypothesen und Vermutungen ist dabei kein Raum.

Anwendungsversuche / Flugzeugmeßprogramm

An Überlegungen und Versuchen, die Fernerkundung für bodengeographische Untersuchungen in Wert zu setzen, hat es nicht gemangelt. Die ersten Arbeiten liegen bereits mehr als 40 Jahre zurück. Die Wahl der Testgebiete, die explizit und implizit geforderten Randbedingungen, sowie die Maßstäbe machen eine Übertragung der Ergebnisse in den mitteleuropäischen Raum unmöglich. Es war daher wünschenswert, den Nutzen der verschiedenen Fernerkundungsverfahren für bodengeographische Arbeiten unter etwas praxisnäheren Bedingungen zu erproben.

Hierfür bot sich das Fernerkundungsmaterial des Flugzeugmeßprogramms der DFVLR an. Im Rahmen des FMP wurden 1976 mehrere Testgebiete in der BRD beflogen (siehe SCHROEDER, M., WAHL, M. (1977)). Dabei kam eine Fülle moderner Fernerkundungsverfahren zur Anwendung. Zu unterschiedlichen Jahreszeiten und in unterschiedlichen Flughöhen wurden dabei folgende Sensoren eingesetzt:
- multispektraler 11-Kanal Scanner BENDIX M2S,
- Strahlungsthermometer,
- Reihenmeßkammer ZEISS RMK A 15/23,
- multispektraler Kamerasatz 6xHASSELBLAD 70 mm.

Für die Kameras fanden panchromatische und infrarotempfindliche Filme mit verschiedenen Filterkombinationen, Colorfilm und Colorinfrarotfilm Verwendung. Der Scanner deckte den gesamten Bereich des sichtbaren Lichts und des nahen Infrarots (410–1000 nm) sowie des thermischen Infrarots (8–14 μm) ab. Als Sensorträger wurde eine zweimotorige DORNIER DO-28 D-2 SKYSERVANT eingesetzt.

Testgebiet

Ziel der Bearbeitung eines Testgebietes ist es letztlich immer, für bestimmte Methoden oder Techniken einer Arbeit mit begrenztem Aufwand zu prüfen, ob diese Arbeitsweisen allgemein brauchbar sind. Um aber die Erfahrungen, die in einem relativ kleinen Teilgebiet gemacht wurden, mit hinreichender Verläßlichkeit auf das Gesamtgebiet übertragen zu können, sollten alle Faktoren, die im Gesamtgebiet irgendeine Rolle spielen, im Testgebiet gleichermaßen vorhanden sein. Dies ist in der Regel nicht exakt möglich.

Daraus ergeben sich einige Forderungen:
a) Die in einem Testgebiet gewonnenen Erfahrungen und Daten dürfen nur auf einen relativ engen, umgebenden Bereich unverändert übertragen werden.
b) Die Ausdehnung dieses Bereiches hängt ab von der Variation der steuernden Faktoren. Diese Faktoren und ihre Variation müssen grundsätzlich mindestens in großen Zügen bekannt sein.
c) Das Testgebiet muß so gewählt werden, daß die für das zu beobachtende Phänomen relevanten Faktoren denen im Gesamtgebiet ähnlich sind.
d) Das Testgebiet muß mindestens so groß sein, daß sich alle relevanten Faktoren darin auswirken können. Sobald diese Mindestbedingung erfüllt ist, sind mehrere unterschiedliche Testgebiete für die Sicherheit der Aussagen günstiger als eine einzige, größere Fläche.

Für den vorliegenden Fall bedeutet das, daß im Testgebiet *die für die Bodenentwicklung wichtigen Faktoren* (Klima, Geologie, Relief, Hydrologie, Biosphäre und menschliche Aktivitäten) *und zugleich die den Nutzen der Fernerkundung bestimmenden Faktoren* (Flugwetter, Distanz zum Einsatzgebiet, Erschließung des Gebiets für die Geländearbeit, Umfang der Vorinformationen, Genauigkeitsanforderungen, personale, technische und zeitliche Bedingungen) denen im Gesamtgebiet ähnlich sein mußten. Als Gesamtgebiet sollte meines Erachtens hier nur der bayerische Voralpenraum angesehen werden. Die Faktoren Klima, Geologie, Relief, Hydrologie, Landnutzung und Flugwetter machen eine Übertragung der Ergebnisse auf ein größeres Gebiet unmöglich. Das Testgebiet sollte möglichst groß sein. Die Begrenzung ergab sich dabei hauptsächlich aus der anfallenden Kartierarbeit. Die zeitlichen und finanziellen Umstände bei einer Diplomarbeit zwangen dazu, das Testgebiet etwas kleiner zu wählen, als es wünschenswert gewesen wäre.

Für das eigene Testgebiet mußte Bildmaterial im Rahmen des FMP vorliegen. Die Erreichbarkeit von München aus war nötig. Deshalb kamen nur Teilbereiche des FMP-Testgebietes IV „Voralpenraum“ in Frage. Um eine Überschneidung mit anderen Untersuchungen im Rahmen des FMP zu vermeiden, war der mögliche Bereich weiter einzuschränken. Es erschien auch nicht angezeigt, die eigenen Untersuchungen in alpinem Gelände durchzuführen.

In dem noch verbleibenden möglichen Bereich waren die Voraussetzungen im Gebiet unmittelbar nördlich des Kochelsees am günstigsten: Hier entsprechen Geologie (Flysch, pleistozäne und holozäne Sedimente), Relief (glaziale und fluvioglaziale Formen), Hydrologie (vermoorte Gebiete, Seen, Flüsse mit jahreszeitlich stark schwankender Wasserführung), Vegetation, Landnutzung und Siedlungen (Kulturland mit überwiegender Grünlandnutzung, zerstreuter Waldbestand) und menschliche Aktivitäten (Moorkultivierung, Flußregulierung) sowie die bestimmenden Faktoren für den Nutzen der Fernerkundung im wesentlichen den üblichen Verhältnissen im bayerischen Voralpenraum. Trotz des relativ kleinen Testgebietes (13,5 qkm) konnte hier eine ausreichende Differenzierung der Böden erwartet werden.

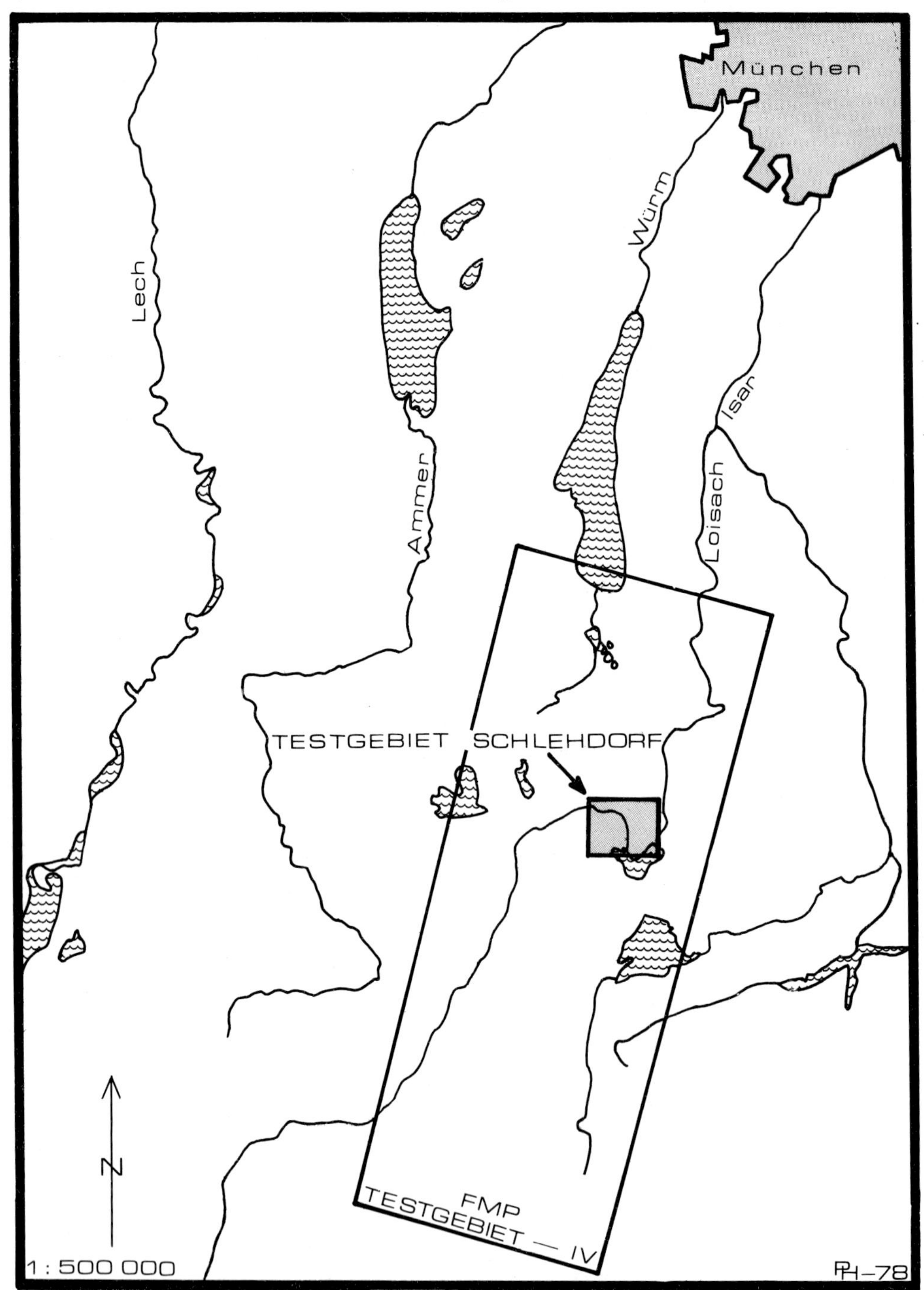

Arbeitsmethode

Die Arbeitsmethode für diesen Versuch einer großmaßstäbigen Bodenkartierung unter Verwendung der Fernerkundung lehnt sich an die von BURINGH, P. (1960, p 648) vorgeschlagenen Verfahren III/IV an:

Arbeitsabschnitt	→	Ergebnis
– Schnelle Durchsicht des Bildmaterials und erste Geländebegehung	→	Landschaftlicher Gesamteindruck
– Systematische Luftbildauswertung (Oberflächenformen, Hänge, Erosion, Entwässerung, Vegetation, Landnutzung, Wege, Flurformen, Siedlungsmuster usw.) unter Verwertung der Vorinformationen	→	Faktoren der Pedogenese Ergebnisse in Erkundungskarten 1:5000 zusammengefaßt
– Geländearbeit (Abbohren des gesamten Gebietes)	→	Daten in Formblätter und in Erkundungskarten
(– Laboranalysen (nicht durchgeführt)	→	Objektivierung)
– Klassifizierung und Abgrenzung der Kartiereinheiten	→	Bodenkarte 1:10 000

Vorinformationen

Da in Mitteleuropa üblicherweise viele Vorinformationen über ein Gebiet vorliegen, wurden diese mit verwertet. Es wird ausdrücklich festgestellt, daß das Testgebiet Schlehdorf nicht auf Grund besonderer Vorinformationen festgelegt wurde. Vorinformationen wurden nur dann berücksichtigt, wenn sie mit verhältnismäßig geringem Aufwand beschafft werden konnten und wenn sie für die Fragestellung unmittelbar verwertbar waren. Als *topographische Grundlage* für die Kartierung wurden Flurkarten 1:5000 verwendet, die zwar relativ alt waren, aber durch die Luftbildauswertung rasch selbst aktualisiert werden konnten. Zudem ermöglichten die Flurgrenzen, die im Kulturland auch in den Luftbildern gut sichtbar waren, eine sichere und leichte Orientierung. Die amtliche *geologische Karte* 1:25 000 ist für das Testgebiet noch nicht erschienen. Eine Reihe anderer geologischer Untersuchungen (z. B. ZEIL, W. (1954), STADLER, R. (1976)), gaben aber hinreichend Aufschluß über die Geologie. *Bodenkarten* im engeren Sinn existieren nur als kleinmaßstäbige Übersichtskarten. Die Ergebnisse der Reichsbodenschätzung konnten teilweise mit verwertet werden. Für den *Moorbereich* enthielten die größtenteils unveröffentlichten Arbeiten der Bayerischen Landesanstalt für Bodenkultur und Pflanzenbau wertvolle Informationen. Die *Klimadaten* waren vom Deutschen Wetterdienst und von einem Forschungsprojekt bei Benediktbeuren her bekannt. Daneben konnten einige *ökologische Arbeiten* über die Loisach-Kochelseemoore verwendet werden.

Luftbildauswertung

Zunächst stand für die Bildauswertung alles im FMP-Testgebiet IV erflogene Bildmaterial zur Verfügung. Es war notwendig, daß das zu vergleichende Bildmaterial der verschiedenen Sensoren zugleich oder mindestens in kurzem Abstand erflogen wurde. Stichproben ergaben, daß die unterschiedlichen Witterungsverhältnisse innerhalb weniger Tage den Informationsgehalt des Bildmaterials erheblich verändern können. Besonders die Durchfeuchtung des Bodens ist hierbei ausschlaggebend. Ein Großteil des Bildmaterials konnte auf Grund technischer Schwierigkeiten nicht für die Auswertung verwendet werden. Folgendes Bildmaterial wurde ausgewählt:

DATUM	ZEIT	FLUGHÖHE	SENSOR	FILM/FILTER	SPEKTRALBEREICH
8. 6. 76	10.55	1050 m	RMK	Farbinfrarot 8443	.52–.90 μm
29. 6. 76	11.40	4300 m	RMK	Farbinfrarot 8443	.52–.90 μm
29. 6. 76	11.40	4300 m	MKS	PAN 36 + WRATTEN 47B	.42–.48 μm BLAU
29. 6. 76	11.40	4300 m	MKS	PAN 36 + WRATTEN 58	.48–.60 μm GRÜN
29. 6. 76	11.40	4300 m	MKS	PAN 36 + WRATTEN 25	.60–.70 μm ROT
29. 6. 76	11.40	4300 m	MKS	IR 2424 + WRATTEN 88A	.72–1.1 μm IR
29. 6. 76	11.40	4300 m	MKS	Ektachrome + 2A	.44–.70 μm COLOR
29. 6. 76	21.37	1280 m	M2S	Kanal 11	8.0–14.0 μm TIR
30. 6. 76	10.37	1050 m	M2S	Kanal 1–11	.41–14.0 μm
29. 10. 75	13.02	5780 m	RMK	Aeropan D	.42–.70 μm S/W

RMK = Reihenmeßkammer, MKS = Multispektraler 70mm Kamerasatz, M2S = Scanner, IR = Infrarot, TIR = Thermalinfrarot, S/W = Schwarzweiß

Dabei wurde die Bildauswertung mit Diapositiven der Farbinfrarot-Hochbefliegung im Maßstab 1:30 000 durchgeführt. Das übrige Bildmaterial ermöglichte weitergehende Interpretationen an schwierigen Stellen; es wurde fallweise verwendet (Papiervergrößerungen). Als Auswertegeräte kamen ein JENOPTIK Interpretoskop[2] und ein BAUSCH & LOMB Zoom Transfer Scope ZTS 4 zur Anwendung.

Das ideale Auswertegerät sollte
- bedingt entzerren können,
- stufenlose Bildvergrößerung über einen weiten Bereich ermöglichen,
- als Umzeichengerät verwendbar sein,
- stereoskopische Betrachtung und Parallaxenmessung ermöglichen,
- keinen großen Aufwand bei einem Bildwechsel erfordern,
- für Auflicht und Durchlicht brauchbar sein.

Diese Anforderungen konnte keines der verfügbaren Geräte zugleich erfüllen. Es wurde daher zunächst der Teil der Auswertung, der stereoskopische Betrachtung erfordert (Identifizierung der Bildelemente, Reliefanalyse usw.), am Interpretoskop durchgeführt. Die übrigen Arbeitsgänge (Entzerren und Umzeichnen der Objekte in die Erkundungskarte) erfolgten dann am Zoom Transfer Scope. Dabei mußte immer wieder mit dem jeweiligen Stereobildpaar im Interpretoskop verglichen werden. Diese unstete Arbeitsweise war notwendig, weil die Bildmaßstäbe stark vom Maßstab der Erkundungskarten (1:5000) abwichen.

Bei der systematischen Bildauswertung mußte darauf geachtet werden, daß nicht nur die „ins Auge fallenden" Elemente registriert wurden. Jedes Bild mußte nach jedem Interpretationselement abgesucht werden. Die Verteilung der wichtigsten physiognomischen Elemente wurde in die Erkundungskarten 1:5000 eingetragen und in Interpretationskarten dargestellt. Aus der Zusammenfassung aller Vorinformationen und der systematischen Bildauswertung wurden dann 41 Bereiche gegeneinander abgegrenzt, in denen die Bodenbildungsbedingungen (Faktoren der Pedogenese) relativ homogen zu sein schienen (Karte, S. 69). An den Grenzen dieser Bereiche ändert sich mindestens ein Faktor. Es konnte erwartet werden, daß die Varianz der Böden innerhalb dieser Bereiche minimal, die Varianz zwischen den Bereichen aber maximal ist. Diese Bereiche wurden nach ihrer Physiognomie beschrieben und in die Erkundungskarten eingetragen.

Im Idealfall sollte jeder Bereich von einem spezifischen Bodentyp oder Pedokomplex eingenommen werden. Dies ist in der Praxis nicht zu erwarten, da
- die Faktoren der Pedogenese sicher nicht vollständig erfaßt sind,
- die Faktoren der Pedogenese nicht eindeutig abgrenzbar sind,
- die Grenzen der Böden meist fließend sind,
- bei etwas veränderten Bedingungen dennoch derselbe Bodentyp entstehen kann,
- bei ähnlichen Bedingungen verschiedene Bodentypen entstehen können,
- vom heutigen Zusammenwirken der Faktoren der Pedogenese nicht unbedingt auf die Verhältnisse in der Vergangenheit geschlossen werden darf,
- sich die Faktoren der Pedogenese eventuell viel kleinräumlicher verändern können, als das bei der Interpretation registriert wurde.

Die ausgeschiedenen und gegeneinander abgegrenzten Gebiete sind daher eher als Vorbereitung auf die Geländearbeit zu sehen denn als mutmaßliche Kartierung der Böden. Durch die Bildauswertung kennt der Bearbeiter die wesentlichen Einflüsse und Vorgänge im Arbeitsgebiet. Er kann die Beobachtungspunkte für die Bodenprofile überlegt planen und weiß, wo er die Bodengrenzen suchen sollte.

Geländearbeiten

Kartiergrundlage waren die nachgeführten Flurkarten 1:5000 mit den Ergebnissen der Bildauswertung. Mitgeführt wurden Papiervergrößerungen des Colorfilms (1:25 000) und des PAN-Films (1:10 000). Die Probenentnahme erfolgte mit einem Pürckhauer-Bohrstock bis maximal 1 m Tiefe.

---

[2] benutzt wurden Geräte der DFG, zur Verfügung gestellt Prof. Dr. H. G. Gierloff-Emden für Forschungsauftrag

Einige sich wiederholende Bodenabfolgen wurden an *einer* Stelle mit mehreren Bohrungen genau untersucht. Die Ergebnisse konnten dann leicht auf die übrigen Stellen übertragen werden. Dort waren nur wenige Kontrollbohrungen nötig. Dieses Verfahren wurde nur sehr kleinräumlich und bei klar zu deutenden Phänomenen (Altwasserläufe, Toteiskessel) angewendet.

Wenn sich während der Geländeerkundung zeigte, daß eine Grenze in der Natur wie nach der Interpretationskarte erwartet verläuft, konnte der Grenzverlauf mit einigen Kontrollbohrungen rasch kartiert werden. Lag die Bodengrenze aber anders als vermutet, so mußte der ganze Verlauf konventionell erkundet werden. Dies war erheblich aufwendiger.

Im Testgebiet wurden insgesamt etwa 350 Beobachtungen gemacht. Die Verteilung der Bohrpunkte war dabei sehr unterschiedlich. Während z. B. im unkultivierten Niedermoor 1 Beobachtung auf ca. 30 ha entfiel, war eine Beobachtung im ersten untersuchten alten Loisachlauf für nur 0,143 ha repräsentativ. Im Durchschnitt entfiel 1 Beobachtung auf 3,86 ha. Da für eine großmaßstäbige Bodenkartierung eine Beobachtung auf etwa 0,25 ha trifft, wenn konventionell kartiert wird, so hat die Bildauswertung *im vorliegenden Fall* eine deutliche Reduktion der Geländearbeit ermöglicht.

Im Verlauf der Geländearbeiten wurde für einige typische Standorte eine pflanzensoziologische Aufnahme durchgeführt. Dabei zeigte sich, daß auch im Bereich der naturnah erscheinenden Vegetation die Pflanzengesellschaften – besonders bezüglich des Anteils der vertretenen Arten – von den natürlichen Vergesellschaftungen abweichen. Von einer Naturlandschaft kann damit an keiner Stelle des Testgebiets gesprochen werden.

Die Abgrenzungen der Bereiche mit gleichen Bodenbildungsbedingungen haben sich nur teilweise als Bodengrenzen bestätigt. Manchmal fielen vermutete Grenzen weg, viele Bereiche mußten aber weiter unterteilt werden, um den Bodenverhältnissen in der Natur gerecht zu werden. Die Böden im Testgebiet erwiesen sich nur selten als klare und eindeutig zu klassifizierende Typen. Es traten alle möglichen Übergangsformen, z. B. zwischen Niedermoor und Mineralboden, auf, die allein aus ihrer Profilmorphologie nur etwas subjektiv zu klassifizieren waren. Zu einer Objektivierung der Klassifizierung wären Laboruntersuchungen von Bodenproben notwendig gewesen. Diese konnten im Rahmen dieser Arbeit aus verschiedenen Gründen nicht durchgeführt werden. Die hieraus resultierende Ungenauigkeit bzw. Unsicherheit bei der Klassifizierung mußte in einigen Fällen in Kauf genommen werden. Hierin ist kein Kriterium für die Brauchbarkeit von Fernerkundungsverfahren für bodengeographische Fragen zu sehen. Dagegen muß die Bodenkarte, die als Ergebnis dieser speziellen Arbeit entstand, mit Vorbehalt gesehen werden.

Klassifizierung der Kartiereinheiten

Die große Zahl der erkundeten Bodentypen mußte auch für die Darstellung in einer großmaßstäbigen Bodenkarte erheblich reduziert werden. Es erschien sinnvoll, Böden mit prinzipiell gleicher Genese und nur unwesentlichen graduellen Unterschieden zusammenzufassen.
Vielfach waren aber graduelle Unterschiede so wesentlich, daß eine Grenze mehr oder minder willkürlich bei einem bestimmten Schwellenwert gezogen werden mußte (z. B. Moorgleye G6 und entwässertes Niedermoor mit Auelehm H1).
In einigen Fällen mußten ganz unterschiedliche Böden wegen ihres sehr kleinräumlichen Wechsels als Bodenmosaik kartiert werden (z. B. Böden in den Bachtobeln R2); in diesem Fall erfolgte die Klassifizierung nach dem entscheidenden Merkmal (z. B. sehr starke Erosion).

Diese endgültigen Kartiereinheiten wurden in der ,,Bodenkarte von Schlehdorf" (Beilage) dargestellt und im Text eingehend beschrieben. Ein typisches Profil wurde jeweils beigefügt.

Nutzen der Fernerkundung im konkreten Fall

Die Fernerkundung trug zur Erstellung der Bodenkarte von Schlehdorf in mehrfacher Hinsicht bei: Die Luftbilder vermittelten dem geübten Bearbeiter einen sehr guten *Gesamteindruck des Testgebietes.* Unentbehrlich waren die Luftbilder bei der *Aktualisierung der Basiskarten.* Hierbei handelte es sich nicht nur um einzelne Nachträge. Vielmehr mußten das aktuelle Siedlungsbild, nahezu das ganze Netz von Wirtschaftswegen und Entwässerungsgräben im Moorgebiet, der heutige Waldbestand, sowie die neuen Uferlinien der Seen und Weiher aus den Luftbildern in die Flurkarten übertragen werden. Diese aktuellen Angaben waren in keiner topographischen Karte enthalten. Eine Geländeüberprüfung der Änderungen war nicht nötig. Das *Relief* konnte mit Ausnahme einiger mit Hochwald bestockter Steilhänge im Moränengebiet sehr genau und sicher erarbeitet werden. Auch die *Erosionsverhältnisse* konnten geklärt werden. Hier ließen die Deltabildungen im Karpfsee Rückschlüsse auf die von Buschwerk verdeckten Bachtobel zu. Die *oberirdische Entwässerung* war gut zu erkennen. In Verbindung mit der Kenntnis des Flugwetters konnten aus Aufnahmen von unterschiedlichen Zeitpunkten Hinweise auf die *unterirdische Entwässerung* gewonnen werden. Diese Aussagen ließen sich aber erst nach einem Geländevergleich in Wert setzen, da es sich nur um Vermutungen handelte. Eine Grobgliederung der *Vegetation* nach Laub- und Nadelwald, Kulturland, naturnaher Vegetation, feuchten Gebieten und Verlandungsbereichen war gut möglich. Im *Kulturland* konnte etwas weiter differenziert werden. Trennung von Weideland (Vieh), Wiesen (Mahdspuren), Streuwiesen (Streutrieschen, Heustädel) war oft möglich. Kulturpflanzen konnten wegen der ungünstigen Jahreszeit nicht identifiziert werden. *Flurformen* im Kulturland, *Siedlungen* und *Wege* waren klar zu erkennen. Durch die Fülle *aktueller Orientierungspunkte* in fast natürlicher Erscheinung erleichterten die Luftbilder das Eintragen der Beobachtungspunkte bei der Geländearbeit erheblich.

Die *Grenzziehung* war durch die Verwendung von Luftbildern objektiver möglich als nur mittels einiger Geländebeobachtungen. Beim Abgrenzen der endgültigen Kartiereinheiten konnten die Abgrenzungskriterien noch einmal bei stereoskopischer Bildbetrachtung verfolgt werden. Eine verläßliche Beurteilung dieses Vorteils ist jedoch nicht möglich, da keine direkte Vergleichsmöglichkeit gegeben war.

Die Fernerkundung hätte noch weitere Leistungen erbringen können (z. B. *gesamte* Topographie, Hinweise auf die Geologie). Dies erschien unnötig, da entsprechende Angaben durch Vorinformationen zuverlässig und bequemer zu erhalten waren. Durch die Anwendung der FMP-Fernerkundungsverfahren wurden also
- die Vorinformationen ergänzt,
- die Geländearbeit vorbereitet, optimiert und eventuell reduziert oder beschleunigt,
- die Prozesse der Klassifizierung und Idealisierung objektiviert und – zumindest subjektiv – erleichtert.

Leistungsgrenzen der Fernerkundung im konkreten Fall

Mit den verwendeten konventionellen Auswertetechniken und unter den aktuell herrschenden Bedingungen konnte der Verfasser aus dem verwendeten, vielfältigen Fernerkundungsmaterial im Testgebiet *weder Bodentyp noch Bodenart* exakt feststellen. Die Detailinformationen, die der Benutzer von einer großmaßstäbigen Bodenkarte unter unseren deutschen Verhältnissen erwarten muß, vermochte die Fernerkundung alleine nicht zu vermitteln.

Bodengrenzen konnten nur teilweise aus dem Fernerkundungsmaterial ermittelt werden. Der Schluß von einer oberflächlich psysiognomisch sichtbaren Grenzlinie auf eine Bodengrenze ist nicht notwendig richtig. Eine Vielzahl von Bodengrenzen ist in ihrem Verlauf nicht von natürlichen Bedingungen allein bestimmt. Die Kartiereinheiten und ihre Grenzen sind das Produkt eines komplexen, an den erkannten natürlichen Verhältnissen des Bodens, am Zweck der Karte und an den Eigenheiten des Bearbeiters orientierten, logischen Entscheidungsprozesses. Diese Kartiereinheiten und ihre Grenzen müssen daher nicht notwendig in der Natur in dieser Form vorgegeben sein. Es kann daher auch nicht erwartet werden, daß diese Grenzen in irgendwelchem Fernerkundungsmaterial in größerem Umfang direkt sichtbar sind.

Kritik der Sensoren und Filme

Die *Reihenmeßkammer* liefert auf Grund ihres großen Filmformates und des enormen Auflösungsvermögens Bildmaterial von höchster Präzision. Die Detailerkennbarkeit wird derzeit durch kein anderes Fernerkundungsverfahren übertroffen. RMK-Diapositive sind für Kartierungen und photogrammetrische Zwecke das geeignetste und universellste Fernerkundungsmaterial. In Verbindung mit Objektiven kurzer Brennweite ist aber darauf zu achten, daß kein Vignettierungseffekt auftritt. Dieser bei den FMP-Aufnahmen auftretende Mangel behindert die stereoskopische Auswertbarkeit der Bilder. Mittlerweile konnte hier Abhilfe geschaffen werden.

Bei photographischen Einzelbandaufnahmen muß ein relativ kleines Filmformat verwendet werden. Das 6x6 cm-Filmformat erlaubt durchaus für *Vergleichszwecke* brauchbare Vergrößerungen. Eine Kartierung nach Aufnahmen in diesem Format ist jedoch kaum möglich, da das Originalformat in Auswertegeräten nicht verarbeitet werden kann und Vergrößerungen in der Schärfe nicht befriedigen. Die Qualität der verwendeten Multispektralaufnahmen ließ zu wünschen. Die Gründe hierfür sind hauptsächlich in den Schwierigkeiten mit Filterwahl und richtiger Belichtung dieser schmalbandigen Aufnahmen zu suchen. Ein Problem bei allen multispektralen Aufnahmetechniken ist der enorme Datenanfall und die Schwierigkeit, mehrere Spektralbereiche simultan zu interpretieren. Verfahren zur Datenreduktion sind hier wünschenswert.

Wenn Einzelbandabbildungen erforderlich sind, sollte *Scannerverfahren* der Vorzug vor photographischen Verfahren gegeben werden, da Scannerdaten digital erheblich leichter zu verarbeiten sind und die Deckungsgleichheit der Kanäle gewährleistet ist. Zudem können die Spektralbereiche enger und differenzierter gewählt werden. Die Auflösung und Geometrie der Scanneraufnahmen ist gegenüber den photographischen Sensoren jedoch unbefriedigend. Da Scanneraufnahmen – auch solche höchster Qualität – nicht stereoskopisch ausgewertet werden können, sind für bodengeographische Zwecke stets zusätzlich Stereoluftbilder erforderlich. Die genauen spektralen Informationen, die der Scanner liefern kann, sind für bodengeographische Zwecke durchaus nützlich. Wegen des hohen technischen Aufwandes hierfür erscheint eine *eigene* Scannerbefliegung für eine Bodenkartierung unter vergleichbaren Bedingungen wie im vorliegenden Fall nicht angebracht.

Bezüglich der verwendeten Filme gibt der Verfasser dem *Farbinfrarotfilm* eindeutig den Vorzug vor dem *Colorfilm*. Während im Colorfilm das Testgebiet nahezu nur sehr ähnliche Grüntöne zeigt, ist das gleiche Gebiet im Farbinfrarotfilm sehr viel differenzierter abgebildet. Da der Farbinfrarotfilm nicht für blaues Licht, dafür aber für Infrarot sensibilisiert ist, ergibt sich einerseits eine deutlich bessere Dunstdurchdringung und andererseits eine ausgesprochen gute Differenzierung von Vegetation, Böden und Feuchtigkeitsverhältnissen. Die gegenüber dem gewohnten Aussehen der Objekte völlig anderen Farben sind nach einiger Gewöhnung nicht mehr hinderlich, da auch hier bestimmten Objektgruppen bestimmte Farben zuzuordnen sind. Bei Belichtung und Entwicklung ist der Farbinfrarotfilm nicht problemlos. Für bodengeographische Fragen erscheint seine Verwendung vorteilhaft. *PAN-Film* hat unerreichte Abbildungsschärfe, ist problemlos und konkurrenzlos billig. Daher ist hiermit am ehesten eine eigene Befliegung zum günstigsten Zeitpunkt möglich. Wegen der großen Erfahrung mit diesem Filmmaterial liegen PAN Bilder fast immer in bester Qualität vor. Der Informationsgehalt ist gegenüber dem Farbinfrarotfilm jedoch geringer. Im Bereich der Böden und der Vegetation ergab sich bei den *multispektralen Aufnahmen* die beste Differenzierung zwischen .50 und .70 μm *(GRÜN/ROT)*. Der kurzwelligere *blaue* Spektralbereich ergab stets schlechten Kontrast auf Grund des starken Streulichteinflusses. Lediglich ausgedehnte Schattenflächen waren wegen deren diffuser, vorwiegend kurzwelliger Ausleuchtung hier besser zu interpretieren als in anderen Spektralbereichen. Das *reflektierte Infrarot* hatte eine sehr gute Dunstdurchdringung und ermöglichte die eindeutige Identifizierung der tiefschwarz abgebildeten Wasserflächen. Die Auflösung war nicht befriedigend. Das *thermische Infrarot* ermöglichte besonders im Tag-Nacht-Vergleich Aussagen über den relativen Wärmehaushalt der Objekte. Ein großer Vorteil ist allgemein die Verwendbarkeit bei Nacht. (Beispiele BLAU, GRÜN, ROT, Infrarot, Farbinfrarot und PAN sind beigefügt)

Nutzen der Fernerkundung für bodengeographische Zwecke

Die Fernerkundung darf nach den bisherigen Erfahrungen nicht als eine neue Möglichkeit zur Erstellung von Bodenkarten gesehen werden, welche allein die bisherigen Arbeitsweisen bei einer Bodenkartierung ersetzen könnte. Eine auf die Umstände des konkreten Falles sinnvoll ausgerichtete Kombination von Fernerkundung und Geländearbeit wirkt sich jedoch sicher positiv aus. Neben den oben angeführten Vorteilen und Möglichkeiten, die die Fernerkundung erbringt, ist aber zu berücksichtigen, daß der Einsatz der Fernerkundung auch zusätzliche Arbeitsgänge (Bildbeschaffung und Interpretation), zusätzlichen Kapitaleinsatz (Bildkosten, Ausbildungskosten und Auswertegeräte) und besondere Infrastruktur (Auswertegeräte, ausgebildetes Fachpersonal) nötig macht. Diese zunächst negativen Aspekte müssen durch das Endresultat kompensiert werden, wenn die Fernerkundung eine wirkliche Verbesserung ergeben soll. Dies ist je nach Projekt von verschiedenen Faktoren abhängig:

Zweck der Untersuchung: Zu großmaßstäbigen Detailuntersuchungen kann die Fernerkundung in der Regel weniger beitragen, als zu kleinmaßstäbigen Übersichtskartierungen. Hier sind die Kartiereinheiten so allgemein, und an den Faktoren der Pedogenese orientiert, daß sich durch die Fernerkundung hierzu sehr weitgehende Aussagen machen lassen.

Vorinformationen: Sofern die Faktoren der Pedogenese nicht leichter aus vorhandenen Vorinformationen erarbeitet werden können, stellt die Fernerkundung in aller Regel eine sehr rationelle Arbeitsweise hierfür dar. Solche durch Fernerkundung gewonnenen Informationen sind aktuell und auch für die weitere Bearbeitung des gleichen Gebietes nutzbar. Wenn dies abzusehen ist – z. B. bei einer ersten Bestandsaufnahme eines Gebietes – kann wegen der universellen Verwertbarkeit der Ergebnisse in die Fernerkundung relativ viel investiert werden.

Untersuchungsgebiet: Für sehr kleinflächige Arbeitsgebiete erscheint die Fernerkundung weniger nützlich als für weite Flächen, auf denen das großräumliche Zusammenwirken der Faktoren der Pedogenese so schneller, kostengünstiger und oft besser als nur im Gelände erarbeitet werden kann. Von entscheidender Bedeutung ist weiter die verkehrstechnische Erschließung und die Distanz des Arbeitsgebietes vom Ort der Bearbeitung. Bei einem Arbeitsgebiet im Ausland kommen zusätzliche Geländebegehungen zur Klärung von entstehenden Schwierigkeiten wegen der hohen Kosten oft nicht in Frage. Hier bietet die Fernerkundung eine Möglichkeit, das Gelände „mit an den Arbeitsplatz zu nehmen". Die im Luftbild enthaltene Information ist sicher mehr wert als die nur auf Notizen gestützte Erinnerung an einen früheren Geländeaufenthalt, der vielleicht schon Monate zurückliegt. In verkehrstechnisch völlig unerschlossenen Gebieten ermöglicht die Fernerkundung eine Kartierung, wo eine flächenhafte Geländearbeit nicht möglich wäre. Hier können repräsentative Testflächen und Traversen im Gelände aufgenommen und die Ergebnisse mit Hilfe der Fernerkundung extrapoliert werden. Sofern der Maßstab klein, die Kartiereinheiten nicht zu speziell und die Genauigkeitsansprüche an eine solche Karte nicht zu hoch sind, ist dieses Verfahren zu vertreten.

Natürliche Verhältnisse im Arbeitsgebiet: Je mehr bodenbestimmende Faktoren in den Luftbildern sichtbar sind, umso günstiger sind die Voraussetzungen für die Fernerkundung. Optimal sind deutliche Entwässerungsmuster, markantes Relief, lichte, gut differenzierte Vegetation und klare, großräumliche Geologie. Kaum erkennbares Relief, unklare Hydrologie, dichte und wenig differenzierte Vegetation und komplizierte Geologie erschweren dagegen die Bildauswertung. Sobald der Mensch steuernd in die Natur eingegriffen hat – das ist öfter der Fall als man annimmt –, verändern sich die Kausalbeziehungen zwischen den natürlichen Faktoren der Pedogenese und den Böden oft grundlegend und rasch. Während die Vegetation in unberührter Naturlandschaft als Indikator für bestimmte Bodenverhältnisse gelten kann, ist dieser Schluß bei anthropogenen Einflüssen auf die Landschaft oft irreführend. Hier muß genau geprüft werden, ob aus den im Luftbild sichtbaren Eigenschaften des Arbeitsgebietes noch auf Bodenbildungsbedingungen oder aktuelle Ausprägung von Böden geschlossen werden darf.

Fernerkundungsbedingungen im Arbeitsgebiet: Von grundlegender Bedeutung sind die Bedingungen für die Fernerkundung, die sich aus der geographischen Lage des Arbeitsgebietes ergeben. In höheren Breiten ist die meist geringe Elevation der Sonne hinderlich. Dadurch wird in Abhängigkeit von der Höhenlage die Beleuchtung verringert, der zeitliche Spielraum für Befliegungen mit bestimmter Mindestelevation der Sonne verkürzt, sowie die relative Schattenlänge vergrößert. Ein humides Klima mit häufigen Niederschlägen, Nebel, Dunst und oft tiefer Wolkendecke ist ungünstiger als ein trockenes Klima mit meist wolkenlosem Himmel und guter Sicht. Wichtig ist auch die Wahl des Befliegungszeitpunktes. Hier ist oft eine Kompromißlösung nötig: Die Beleuchtung wäre im Sommer am besten, die besten Aussagen über die Bodenbildungsbedingungen lassen sich aber machen, wenn die Vegetation nicht zu dicht ist. In Mittelbreiten sollte man sich für Frühjahr oder Spätherbst entscheiden.

Verfügbares Fernerkundungsmaterial: In Abhängigkeit von den finanziellen und zeitlichen Bedingungen ist es bedeutend, welches Fernerkundungsmaterial für die Auswertung zur Verfügung steht. Wenn im Idealfall die für den Untersuchungszweck optimalen Fernerkundungssensoren und Filmtypen kombiniert werden können und wenn der günstigste Befliegungszeitpunkt abgewartet werden kann, so lassen sich dadurch sicher mehr und bessere Informationen gewinnen als durch Material von weniger geeigneten Sensoren, das zu einem ungünstigen Zeitpunkt erflogen wurde. Wenn das verfügbare Bildmaterial älteren Datums ist oder gar deutliche Qualitätsmängel aufweist, darf von der Bildauswertung nicht zuviel erwartet werden.

Auswertemöglichkeiten: Gute Auswertegeräte, die zumindest stereoskopische Auswertung und möglichst variable Vergrößerung ermöglichen sollten, sind Voraussetzung für gute Ergebnisse. Höher zu bewerten ist jedoch die Qualifikation des Bearbeiters. Luftbildinterpretation für eine bodengeographische Fragestellung kann nur von einem Interpreten durchgeführt werden, der auch eine bodengeographische Fachausbildung hat. Zur Erreichung des bestmöglichen Gesamtergebnisses sollten Bildauswertung und Geländearbeit grundsätzlich vom gleichen Bearbeiter bzw. Team ausgeführt werden. Letztlich hängt es immer vom Bearbeiter, seiner Befähigung zur Photointerpretation, seinen Fachkenntnissen sowie seinen regionalen Kenntnissen über das Arbeitsgebiet ab, welches Maß an Information er aus dem verwendeten Fernerkundungsmaterial gewinnen kann.

Kombination Fernerkundung–Geländearbeit: Für eine Optimierung des Gesamtergebnisses ist es nötig, im Rahmen der Möglichkeiten und Bedingungen die günstigste Kombination von Fernerkundung und Geländearbeit zu wählen. Der zeitliche und finanzielle Einsatz für die Fernerkundung muß sich an den zu erwartenden Ergebnissen orientieren; dabei sollte die Relation von Informationsgewinn und Kosten beachtet werden.
Bei großmaßstäbigen Untersuchungen mit hoher Anforderung an die Genauigkeit, auf kleinen gut erschlossenen Flächen, wenn viele zuverlässige Vorinformationen leicht verfügbar sind, sollte die Leistungsfähigkeit der Fernerkundung nicht überbewertet werden. Bei derartigen Kartierungen genügt eine rasche Beurteilung der allgemeinen Faktoren der Pedogenese. Standardbildmaterial ist dabei wohl ausreichend. Zu viel Zeit sollte auf diesen Arbeitsgang nicht verwendet werden.
Für kleinmaßstäbige Übersichtskartierungen über große, schwer zugängliche Flächen, bei wenig Vorinformation und relativ guten Bedingungen für die Fernerkundung vermag die Luftbildauswertung weit mehr zu leisten. Gerade für eine Bodenkartierung im Rahmen einer ersten naturräumlichen Bestandsaufnahme in Entwicklungsländern sollte der Fernerkundung breiterer Raum eingeräumt werden, da besonders gute und wirtschaftliche Ergebnisse zu erwarten sind. Hier lohnt sich in der Regel auch der Einsatz besonderer Fernerkundungsverfahren und eventuell multispektraler Ansätze, da auch andere Wissenschaftszweige von dem Fernerkundungsmaterial profitieren können.

Verbesserungsmöglichkeiten

Grundsätzlich bietet jeder *multispektrale Ansatz* bessere Informationsmöglichkeiten. Dadurch steigen die Kosten aber beträchtlich. Wegen der stark anwachsenden Datenmenge sind auf Dauer geeignete Verfahren zur Datenreduktion unumgänglich. Wegen des hierzu nötigen EDV-Einsatzes sind derlei Ansätze wohl nur mit Scannern sinnvoll. Multispektrale photographische Sensoren scheinen hier in eine Sackgasse zu führen.

Die theoretischen Vorteile besonderer Sensoren und Filme können bei mangelnder Qualität des Bildmaterials und mangelhafter Operationalität der Systeme in der Praxis nicht voll zur Geltung kommen. Eine *Qualitätsverbesserung* muß hier mit allen Mitteln angestrebt werden, wenn diesen erfolgversprechenden Verfahren auf Dauer eine reale Chance bleiben soll. Wenn es nicht möglich ist, den in der Praxis verwertbaren Informationsgehalt multispektraler Fernerkundungsverfahren deutlich und anhaltend zu steigern, so ist wegen der erforderlichen Infrastruktur und der hohen Kosten ein Einsatz für bodengeographische Arbeiten in der Regel abzulehnen.

Interdisziplinäre Zusammenarbeit erscheint dort verstärkt angebracht, wo z. B. dasselbe Fernerkundungsmaterial mehreren Wissenschaftlern Informationen liefern kann. Dann profitieren alle Beteiligten aus der Diskussion der Probleme. Nur so kann m. E. das notwendige Kapital für einen wirklich optimalen Einsatz der Fernerkundung optimal genutzt werden.

Auf breiter Basis sollte die *Ausbildung der Bodenkundler* auf dem Gebiet der Luftbildauswertung vorangetrieben werden. Eine derartige Grundausbildung ist Voraussetzung, um die Möglichkeiten – und Grenzen – der Fernerkundung in einem konkreten Fall abschätzen zu können. Nur wer eine Arbeitsweise selbst kennt und beherrscht, wird sich entscheiden, sie in seinem Verantwortungsbereich anzuwenden.

Die Wissenschaft und Forschung kann zwar neue und erfolgversprechende Arbeitsweisen entwickeln. Ob diese aber allgemein in der Praxis eingeführt werden, entscheidet letztlich der Benutzer. Um diese Entscheidung vorzubereiten, müssen die Möglichkeiten und Grenzen der Fernerkundung sachlich und differenziert dargestellt werden. Praxisreife und differenzierte Methoden müssen vordringlich entwickelt werden. Nur dann kann die Fernerkundung endgültig allgemeine Anerkennung als wissenschaftliche, exakte und wirtschaftliche Arbeitsweise finden.

Literaturübersicht

American Society of Photogrammetry (Hrsg.) (1968): Manual of Color Aerial Photography. Falls Church, Va. USA

American Society of Photogrammetry (Hrsg.) (1975): Manual of Remote Sensing. 2 vol. Falls Church, Va. USA

BRZESOWSKY, W. J. (1965): A Semidetailed Soil Survey in the Region of the Oude Ijssel. ITC-Publications ser. B 30/31. Enschede NL

BURINGH, P. (1960): The Applications of Aerial Photographs in Soil Survey. Manual of Photographic Interpretation pp 633–666. Washington, D. C. USA

COLWELL, R. N. (1966): Uses and Limitations of Multispectral Remote Sensing. 4th International Symposium on Remote Sensing of Environment pp 71–100. University of Michigan. Ann Arbor, Mi. USA

CORTEN, I. (1966): Physik des Luftbildes in „richtigen" und „falschen" Farben. Bildmessung und Luftbildwesen 34/4 pp 191–201. Karlsruhe

GIERLOFF-EMDEN, H. G., SCHROEDER-LANZ, H. (1970/71): Luftbildauswertung. 3 vol. Mannheim

KRISTOF, S. J., ZACHARY, A. L. (1971): Mapping Soil Features from Multispectral Scanner Data. 7th International Symposium on Remote Sensing of Environment pp 2095–2108. University of Michigan. Ann Arbor, Mi. USA

LUTZ, J. L. (1951): Die Umgestaltung der Loisach-Kochelseemoore durch den Menschen, im Luftbild gesehen. Jahrbuch des Vereins zum Schutz der Alpenpflanzen und -tiere 16 pp 75–84. München

MEIENBERG, P. (1966): Die Landnutzungskartierung nach Pan-, Infrarot- und Farbluftbildern. Münchner Studien zur Sozial- und Wirtschaftsgeographie 1. Kallmünz

MÜHLFELD, R. (1965): Praktische Erfahrungen bei der geologischen und bodenkundlichen Luftbildauswertung in Niedersachsen. Geologisches Jahrbuch 83, pp 735–762. Hannover

MYERS, V. I. (1975): Crops and Soils. Manual of Remote Sensing. vol 2 pp 1715–1814. Falls Church, Va. USA

SCHEFFER, F., SCHACHTSCHABEL, P. (1976): Lehrbuch der Bodenkunde. 9. Aufl. Stuttgart

SCHNEIDER, S. (1974): Luftbild und Luftbildinterpretation. Lehrbuch der allgemeinen Geographie. 11. Berlin

SCHROEDER, M., WAHL, M. (1977): Erdwissenschaftliches Flugzeugmeßprogramm – ein Beitrag zur Förderung der Fernerkundung. Bildmessung und Luftbildwesen 44/2 pp 34–43. Karlsruhe

STADLER, R. (1976): A. Geologische Kartierung der Alpenrandzone bei Schlehdorf. B. Bearbeitung des Gebietes zwischen Kocheler Moos und Murnauer Moos anhand von Fernerkundungsdaten. Diplomarbeit. Institut für Allgemeine und Angewandte Geologie der Universität München. (unveröffentlicht)

TANGUAY, M. G. (1969): Multispectral Imagery and Automatic Classification of Spectral Response for Detailed Soils Mapping. 6th International Symposium on Remote Sensing of Environment pp 33–63. University of Michigan. Ann Arbor, Mi. USA

TROLL, C. (1939): Luftbildplan und ökologische Bodenforschung. Zeitschrift der Gesellschaft für Erdkunde zu Berlin 7/8 pp 241–298. Berlin

VINK, A. P. A. (1972): Die Bodenkartierung mit Hilfe der Luftbildinterpretation unter mitteleuropäischen Verhältnissen. Berichte zur Deutschen Landeskunde 29 pp 131–164. Bad Godesberg

VINK, A. P. A. (1964): Some Thoughts on Photointerpretation. ITC-Publications ser. B 25. Enschede, NL

VINK, A. P. A., VERSTAPPEN, H. T., BOON, D. A. (1965): Some Methodological Problems in Interpretation of Aerial Photographs for Natural Resources Surveys. ITC-Publications ser. B 32. Enschede NL

ZEIL, W. (1954): Geologie der Alpenrandzone bei Murnau in Oberbayern. Geologica Bavarica 20. Bayerisches Geologisches Landesamt. München

Zusammenfassung

Die Fernerkundung ist keine neue Arbeitsweise, mit der Bodenkarten ohne Geländearbeit erstellt werden könnten. In einer für jedes Projekt verschiedenen optimalen Kombination von Fernerkundung und Geländearbeit ist jedoch eine Verbesserung von bodengeographischen Karten möglich. Der Verfasser prüfte an einem Testgebiet von 13,5 qkm im Bayerischen Voralpenraum im Kulturland, welchen Beitrag die Fernerkundung bei der Erstellung einer Bodenkarte 1 : 10 000 dieses Gebietes leisten konnte. Als Fernerkundungsmaterial standen Scannerdaten, multispektrale Photos und Reihenmeßkammeraufnahmen mit verschiedenen Filmen zur Verfügung. Das Bildmaterial wurde 1976 im Rahmen des Flugzeugmeßprogrammes der DFVLR erflogen. Nach einer Wertung des Beitrags der Fernerkundung im konkreten Fall und einer Wertung der Sensoren und Filmtypen wird versucht, den Nutzen der Fernerkundung für bodengeographische Arbeiten allgemein darzustellen. Die Faktoren, die bei dieser Beurteilung wichtig sind, werden erläutert.

Summary

Remote Sensing itself is no mean to produce soil maps without field research. An optimal combination of Remote Sensing and field research however will help to improve soil maps. In a 5.23 sqmi test area in the Bavarian Alps foothills, mostly covering cultivated land, the author examined the contributions of Remote Sensing while establishing a 1 : 10 000 soil map of the test area. Remote sensing data were available from scanner, multispectral cameras and mapping camera using different film types. Remote Sensing data were gathered in 1976 during the DFVLR-Flugzeugmeßprogramm. After discussion of the contributions of Remote Sensing to the case under study and evaluation of the different sensors and film types, the author attempts to evaluate the contributions of Remote Sensing to soil scientific studies in general. The factors influencing that evaluation are described.

PAN-Film/RMK (Aeropan D 21 DIN, .42–.70 μm), 29. 10. 1975, 13.02 Uhr, 5780 m, Zeiss RMK A 15/23, f-153 mm, MilGeoAmt, Freigabe: Reg. v. Oberbayern GSa 13–22 v. 25. 8. 77.

Weiter Kontrastumfang, extrem hohe Auflösung; Wasser sehr dunkel, Flachwasser etwas durchsichtig; unbedeckter Boden sehr hell, überstrahlt; Vegetation differenziert; Feuchtigkeitsunterschiede nur schwer erkennbar; wegen niedrigen Sonnenstandes (27°) starke pseudoplastische Wirkung, aber großer Flächenausfall durch Schlagschatten.

Panchromatic film (data see above): Broad range of contrasts, extremely high resolution; water rather dark, shallow water slightly transparent; bare soil very light; fairly good differentiation of the vegetation cover; differences in soil humidity barely discernable; strong pseudoplastic effects due to the low sun elevation (27°), but high area loss by shadows.

Blaues Spektrum/70 mm Kamera (PAN 36 + WRATTEN 47B, .42–.48 μm), 29. 6. 1976, 11.40 Uhr, 4300 m, Hasselblad 500 EL, f = 50 mm, Freigabe: Reg. v. Oberbayern GS 300/7330.
Sehr geringe Kontraste, schlechte Dunstdurchdringung, gute Differenzierung in Schattenbereichen; Wege und teilweise Gewässer sehr hell; Böden, Vegetation und Feuchtigkeitsunterschiede schlecht differenziert.
Blue part of the visible spectrum (data see above): Very low contrasts, bad haze penetration, good differentiation of the shadowed areas; paths and partly water courses very light; soils, vegetation cover, and humidity differences only badly differentiated.

Grünes Spektrum/70 mm Kamera (PAN 36 = WRATTEN 58, .48–.60 μm), 29. 6. 1976, 11.40 Uhr, 4300 mm, HASSELBLAD 500 EL, f = 50 mm, Freigabe: Reg. v. Oberbayern GS 300/7328.
Gewässer und Wege sehr verschieden abgebildet; Vegetation, Böden und Feuchtigkeitsunterschiede sehr gut differenziert; feuchte Gebiete sehr dunkel; Moorgebiet gut differenziert.
Green part of visible spectrum (data see above): Water and paths well differentiated; vegetation cover, soils, and differences in humidity very well differentiated; humid areas very dark; fens well differentiated.

Rotes Spektrum/70 mm Kamera (PAN 36 + WRATTEN 25, .60–.70 μm), 29. 6. 1976, 11.40 Uhr, 4300 m, HASSELBLAD 500 EL, f = 50 mm, Freigabe: Reg. v. Oberbayern GS 300/7329.
Extremer Kontrastumfang; Vegetation und Böden gut differenziert; feuchte Stellen heben sich weniger gut ab als im grünen Spektrum; Moor gut differenziert; Bild teilweise unscharf.
Red part of visible spectrum (data see above): Extremely broad range of contrasts; vegetation cover and soils well differentiated; humid parts less well discernable than in the green band; fens well differentiated; image in spots not well-focussed.

Infrarot/70 mm Kamera (Infrared Aerographic 2424 + WRATTEN 88A, .72–.1.11 μm), 29. 6. 1976, 11.40 Uhr, 4300 m, HASSELBLAD 500 EL, f = 50 mm, Freigabe: Reg. v. Oberbayern GS 300/7327.
Wasserflächen, Naßstellen und teilweise Wege schwarz; feuchte Gebiete sehr dunkel und deutlich begrenzt; im Moor anastomosierende Rinnen gut zu erkennen; Vegetation recht hell; schlechte Auflösung, Vignettierungseffekt; unten rechts ungeklärte schwarze ,,Fahnen".
Infrared band (data see above): Water areas, wet spots, and partly paths black; humid parts very dark and with distinct boundaries; in the fen area anastomosic channels well discernable; vegetation cover rather light; bad image resolution, vignettation; in the lower right part unidentified black veils.

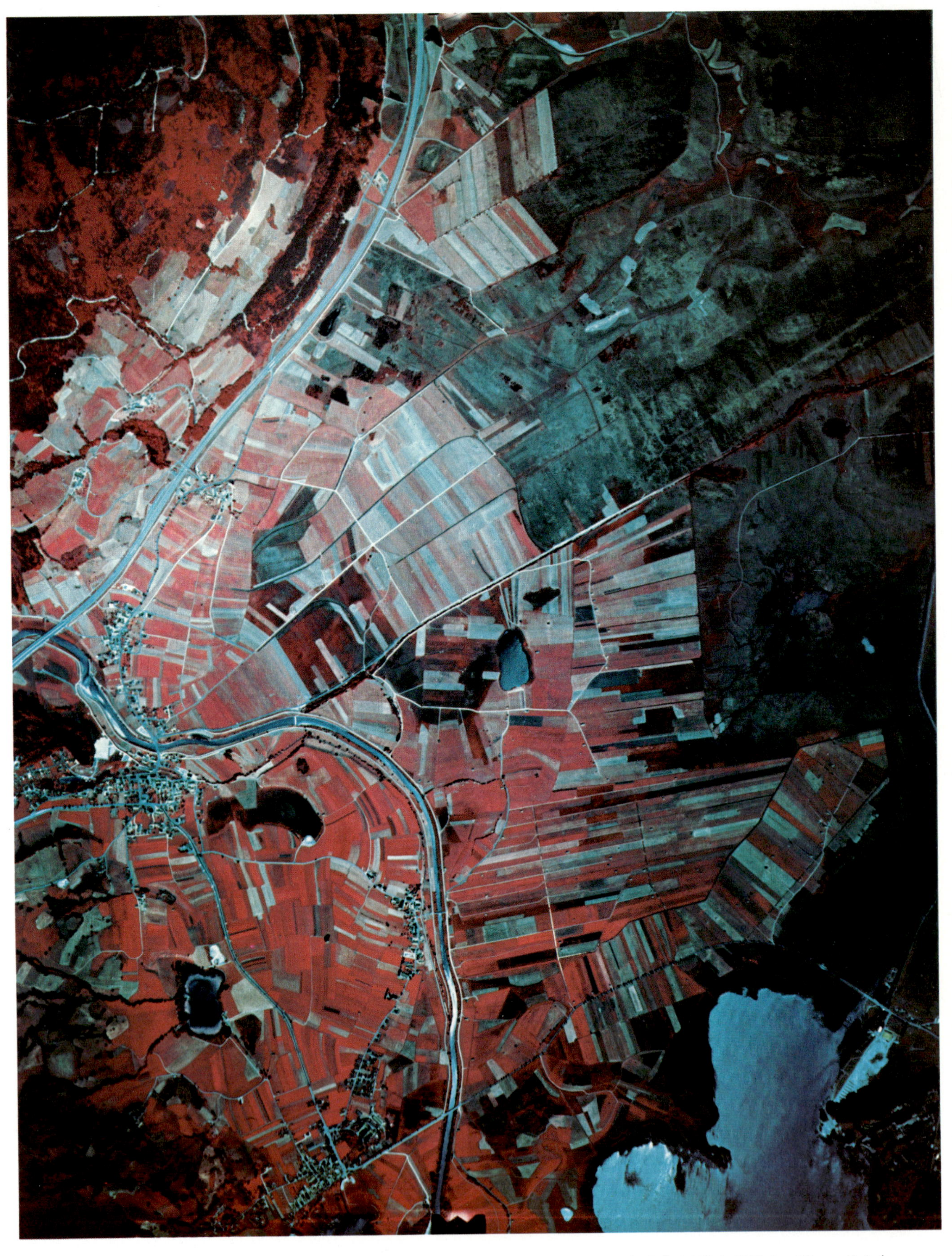

Farbinfrarotfilm/RMK (Aerochrome Infrared 8443 + .52 μm Filter, .52–.90 μm), 29. 6. 1976, 11.40 Uhr, Zeiss RMK A 15/23, f = 153 mm, Freigabe: Reg. v. Oberbayern GS 300/7331.
Große Farbdifferenzierung und sehr gute Auflösung; Wasserflächen unterschiedlich; Vegetation und Feuchtigkeitsunterschiede am besten differenziert; unbedeckter Boden hell überstrahlt; gesunde frische Vegetation hellrot-rosa, Wald sehr differenziert dunkelrot-violett, Feuchtstellen und Moor grün, Wiesen nach der Mahd graugelb; insgesamt beste Differenzierung.
Colour infrared film (data see above): Very good differentiation of colours and very good image resolution; water areas differently shown; vegetation cover and differences in humidity best differentiated; uncovered bare soil very light; sane fresh vegetation light-red to pink, forests very well differentiated dark red to violet, humid spots and fens green, meadows after mowing greyish yellow; in total best differentiation of objects.

Karte 5:

ERGEBNIS DER FERNERKUNDUNG

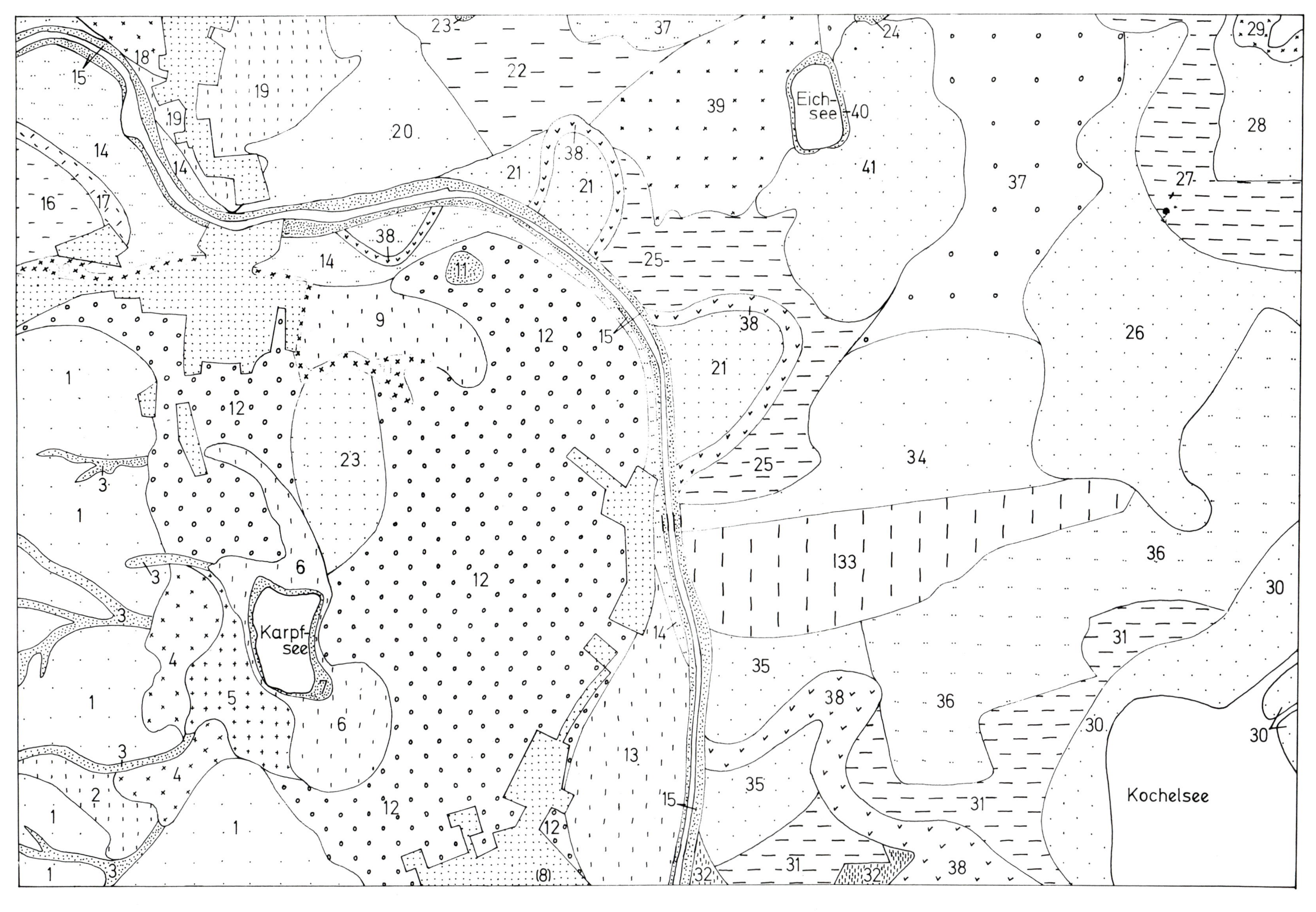

Die Fernerkundung in Verbindung mit aller verfügbaren Vorinformation ermöglicht das Abgrenzen von Bereichen mit relativer Homogenität der Faktoren der Pedogenese.

In jedem Bereich wird ein spezifischer Bodentyp oder ein Pedokomplex vermutet.

Bodenbereich mit laufender Nummer

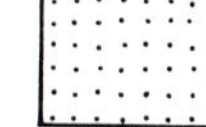
überbautes Gebiet

Quellen: P. Heindl: Luftbildinterpretation (1977) Karten 1 - 4

P. Heindl: Bodenkartierung mit FMP-Fernerkundung Schlehdorf am Kochelsee (1977)

Maßstab

N